インプレス R&D ［NextPublishing］

技術の泉 SERIES
E-Book / Print Book

Try PWA

渋田 達也 ｜著

PWAの概要と実装を理解して Web Pushまでを実現！

impress R&D
An impress Group Company

技術の泉 SERIES

JN151986

目次

第1章 本書の概要 5
  1.1 対象読者 5
  1.2 注意事項 5
  1.3 使ってるライブラリーなどのバージョン 6
  1.4 情報共有や連絡先 6
      更新情報 6
  1.5 サンプルコード 6
  1.6 コードフォーマット 6
  1.7 免責事項 7
  1.8 表記関係について 7
  1.9 底本について 7

第2章 PWAの概要やツールの紹介 8
  2.1 PWAの概要 8
      ネイティブアプリとWeb、そしてPWA 8
      FIREとは 9
      どういうものがPWA？ 9
      まとめ 12
  2.2 PWAを作るためのブラウザーのAPI 13
      Service Worker 13
      Web App Manifest 14
      Add to Homescreen（A2HS） 18
      IndexedDB 20
      Cache Storage API 21
  2.3 PWAを作るための補助ツール 23
      Workbox 23
      PWA Compat 24
      PWABuilder 25
  2.4 まとめ 25

第3章 PWAの実装方法解説 27
3.1 PWAとするサイトの雛形作り 27
Vue CLIのインストール 27
Vue CLIでプロジェクトの作成 28
3.2 Firebase Hostingを使ってサイトを公開 31
Firebase CLIのインストールと初期化 31
Firebaseでプロジェクトの作成 32
Firebase Hostingにデプロイ 34
3.3 Add To Homescreenができる最低限のPWA作り 35
Web App Manijestを作る 35
Service Workerを作る 39
再びデプロイ 40
3.4 Workboxを使ったオフライン対応のPWA作り 42
Workbox webpackプラグインの設定 42
Firebase Hostingにデプロイ 45
WorkboxのNavigation Fallback 46
3.5 まとめ 47

第4章 Web Pushの実装解説 48
全体像解説 49
4.1 クライアントとサーバーのやりとりを円滑にするための準備 50
クライアントのプロジェクト作成 50
サーバーのプロジェクト作成 52
クライアントからサーバーにリクエストを送ってみる 57
4.2 プッシュ通知を行うための下準備 60
Web App Manifestの設定 61
4.3 プッシュ通知サーバーの実装解説 61
プッシュ通知を送るための実装 62
プッシュ通知を送る処理 64
コントローラーの作成 65
ルーターの更新 67
4.4 クライアントの実装解説 67
IndexedDBのプラグイン作成 67
Firebaseのプラグイン作成 70
クライアント用のAPIキーなどの取得 73
プッシュ通知を受け取るためのService Wokerの作成 75
Home.vueをWeb Push仕様にする 76
プッシュ通知のパーミッションリクエスト 77
プッシュ通知を受け取る処理 - フォアグラウンド 80
プッシュ通知を受け取る処理 - バックグラウンド 82
プッシュ通知の送信処理 83
プッシュ通知の解除 86
AWS Lambdaへのデプロイ 89
Serverless Frameworkの設定 89
Serverless Frameworkとプッシュ通知サーバーをつなぐ 93
APIキーの設定 95
CORSの設定 98
4.5 まとめ 102

第5章　Service Worker …… 104

- 5.1　Service Worker 概説 …… 104
- 5.2　Service Worker のインストールについて …… 106
  - Install イベント …… 107
  - Activate イベント …… 109
- 5.3　Service Worker の注意点 …… 111
  - スコープ …… 111
  - スコープとコントローラー …… 112
  - アンインストール …… 113
- 5.4　その他のイベント …… 114
  - updatefound …… 114
  - statechange …… 114
  - ready …… 115
  - controllerchange …… 115
  - error …… 116
- 5.5　まとめ …… 116

第6章　おわりに …… 117

第1章　本書の概要

　本書を手にとっていただきありがとうございます。本書はProgressive Web Apps（以降、PWA）に関する情報や実装方法についての解説書です。

　まず2章で、PWAに関する概要から関連技術、ツールについて紹介します。3章では簡単なPWAを実装し、4章ではWeb Pushをサーバーも含めて実装する方法を解説します。そして、最終的にはサーバーレスプッシュ通知サーバーとして、AWS Lambdaへのデプロイの仕方も紹介します。5章にはService Workerの概要やどのように扱うのか、注意点などをまとめています。

1.1　対象読者

次のような方々を対象としています。
- PWAの作り方を知りたい
- Web Pushを体験したい
- サーバーにちょっと触れてみたいフロントエンドエンジニア
- サーバーレスとはどんなものかというのを知りたい
- yarnやnpmを扱える

1.2　注意事項

　本書はとても広い範囲を取り扱っています。Webのフロントエンドから始まり、プッシュ通知を送るためにFirebaseを使い、AWS Lambdaで通知を送るためのサーバーレスのPIサーバーを構築します。そのため、個別のサービスなどにいての記述は省略しています。たとえば、AWSのアカウント登録などについては紹介していません。

　どうしてこんなに広くなったか？それは筆者自身がWebでプッシュ通知をやってみたかったからです。完全に趣味といってもいいでしょう。本書では、その過程で出てきたtipsやノウハウをまとめています。

　またライブラリーやフレームワーク、サービスは次のものを使っています。Vue.jsは使い慣れてるので使いましたが、他のフレームワークないし生のJavaScriptでも使えることを意識しています。
- Vue.js
- Workbox
- Firebase
- AWS
- Serverless Framework

そして使用するブラウザーはGoogle Chromeを想定しています。

1.3 使ってるライブラリーなどのバージョン

- Vue.js - v2.6.6
- Vue CLI - v3.4.1
- Workbox - v4.0.0
- Firebase - v5.8.5
- Serverless Framework - 1.38.0

1.4 情報共有や連絡先

本書のTwitterのハッシュタグは「#try_pwa_np」です。感想や疑問などありましたら、ハッシュタグ付きでツイートしていただけるとキャッチアップします。感想をいただけると次の執筆のモチベーションにつながるので、もしよければツイートしてくれると嬉しいです！

また内容の誤植などありましたら、お手数ですが次のリポジトリーにissueを作っていただけますと助かります。もちろんハッシュタグ付きでツイートしていただいてもかまいません。

https://github.com/mya-ake/try-pwa-apis/issues

更新情報

サンプルコードの修正した内容はこちらに記載しています。

https://github.com/mya-ake/try-pwa-apis/blob/master/UPDATE.md

1.5 サンプルコード

本書のサンプルコードは次のリポジトリーで管理されています。

https://github.com/mya-ake/try-pwa-apis

1.6 コードフォーマット

書籍中に出てくるコードは基本的にESLintで整形されています。ESLintは基本prettier + 次のシングルクォーテーション、末尾カンマの設定です。ただし、Vue CLIで作成して、そのまま解説に移っている箇所では次の設定はしていないので、ダブルクォーテーションのままコードが記載されています。フォーマットの関係上そうなっているので、表記ゆれではありません。

```
'prettier/prettier': [
  'error',
  {
    singleQuote: true,
    trailingComma: 'all',
  },
],
```

1.7 免責事項

本書に記載された内容は、情報の提供のみを目的としています。したがって、本書を用いた開発、製作、運用は、必ずご自身の責任と判断によって行ってください。これらの情報による開発、製作、運用の結果について、著者はいかなる責任も負いません。

1.8 表記関係について

本書に記載されている会社名、製品名などは、一般に各社の登録商標または商標、商品名です。会社名、製品名については、本文中ではⒸ、Ⓡ、™マークなどは表示していません。

1.9 底本について

本書籍は、技術系同人誌即売会「技術書典5」で頒布されたものを底本としています。

第2章　PWAの概要やツールの紹介

2.1　PWAの概要

　まずはPWAとはどういうものかを解説します。PWAとは「Progressive Web Apps」の略称です。PWAはGoogleが提唱した、Webアプリケーションのひとつの姿です。

ネイティブアプリとWeb、そしてPWA

　PWAとはなにかをざっくりと説明すると、「ネイティブアプリとWebのいいとこ取りをしたもの」です。次の図は「Progressive Web Apps - PWA Roadshow」という動画のスクリーンショットです。これはYouTubeで公開されています。

出典：Progressive Web Apps - PWA Roadshow（https://youtu.be/z2JgN6Ae-Bo?t=166）

図2.1:

　オレンジ色（左上）がネイティブアプリで青色（右下）がWebです。また縦軸のCapabilityはできること、Reachはどれだけの人に届くかという指標です。見ていただければわかるのですが、ネイティブはできることが多く、リーチ力が弱い。Webはリーチ力が強く、できることが少ない。PWAはこのふたつの指標をどちらも満たす可能性があります。

FIREとは

　PWAはWebにおけるUXの目指す姿でもあります。

　すでにご存知の方もいらっしゃるかもしれませんが、FIREという指標が存在します。これは、「Fast、Integrated、Reliable、Engaging」の頭文字を取ったものです。今ではFIREはWebについての指標という扱いになっていますが、以前はPWAの指標でした（PWAのときはIntegratedを除く3つ）。筆者はこの扱いの変化から、GoogleはPWAで目指していたことをWebの当たり前にしたいのではないのかと考えます。

　ではFIREについて軽く解説します。まずFIREを構成する4単語を筆者は次のように訳しています。

- Fast：速さ
- Integrated：デバイスへの統合
- Reliable：動作の信頼性
- Engaging：魅力的であること

それぞれ少し紹介します。

　Fastは文字通り速さです。これは読み込みのスピードやスムーズに操作できるという速さを表しています。

　IntegratedはWebアプリケーションの体験をデバイスに合わせることです。たとえば、PWAの特徴とも言えるホーム画面からの起動です。ホーム画面にWebアプリケーションを追加することで、ユーザーはブラウザーを起動しなくてもホーム画面にいるアイコンをタップし、Webアプリケーションを利用できます。ホーム画面に配置されていることでネイティブアプリケーション同様の起動体験を提供できます。

　Reliableは動作の信頼性です。これは主にネットワーク接続についての信頼性を示しています。ネットワークに接続していないと起動できないアプリケーションをユーザーはどう思うでしょうか？せっかくホーム画面に追加しているのに起動できないアプリケーションを、アプリケーションと認めてもらえるでしょうか？少し言い過ぎかもしれませんが、Reliableはこのように「アプリケーションが常に開ける」という信頼性に関する指標になります。

　Engagingはアプリケーションの体験が魅力的であることです。どのようなアプリケーションが魅力的であると言えるでしょうか？サイトにアクセスた時、いきなりプッシュ通知を許可しますか？と聞いてくるサイトは魅力的でしょうか？答えはもちろん違います。これはユーザーが意図していない動作です。このような意図していない動作・機能ではなく、ユーザーの意図通りに動かせる快適なアプリケーションを作ろうという指標になります。

　この4つを突き詰めるとWebアプリケーションとしてのUXが高まります。FIREを意識して開発することはユーザーへの思いやりとも言えるかもしれません。

どういうものがPWA？

　PWAのチェックリストをGoogleが公開しています。
　https://developers.google.com/web/progressive-web-apps/checklist

このチェックリストはベースラインとその他の気にすべき項目が列挙されています。またテスト方法とその項目を満たすための方法も書かれています。このベースラインを満たすことがPWAとしての第一歩となります。ベースラインを翻訳すると次の内容になっています。

・HTTPSで配信されている
・レスポンシブ対応
・すべてのURLがオフラインで読み込み可能
・ホーム画面に追加するためのメタデータ（Web App Manifest）が用意されている
・3G環境だったとしても最初のアクセスは高速に読み込まれる
・クロスブラウザーで動作する
・ネットワークに依存しないページ遷移
・すべてのページに一意のURLが存在する

これらの一部のテストはLighthouse（https://github.com/GoogleChrome/lighthouse）というツールで機械的にテストすることができます。このLighthouseは、Chrome Developer Toolsに組み込まれています。次の画像はChrome Developer Toolsのスクリーンショットです。Lighthouseは右上のAuditsパネルから使うことができます。

図2.2:

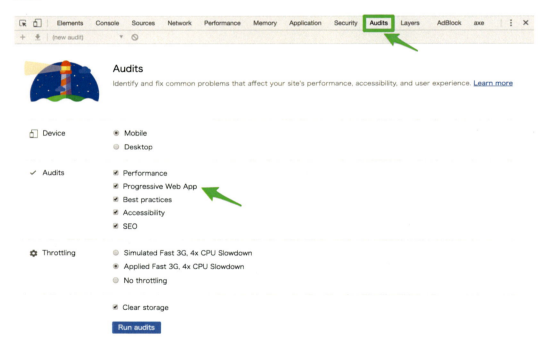

真ん中のProgressive Web Appにチェックを付けて下部の「Run audits」というボタンを押すとテストが実行されます。このテストを実行すると次の画像のように100点満点で点数をつけてくれます。

本書のサンプルコードのサイトの結果（https://try-pwa.mya-ake.org/）

図2.3:

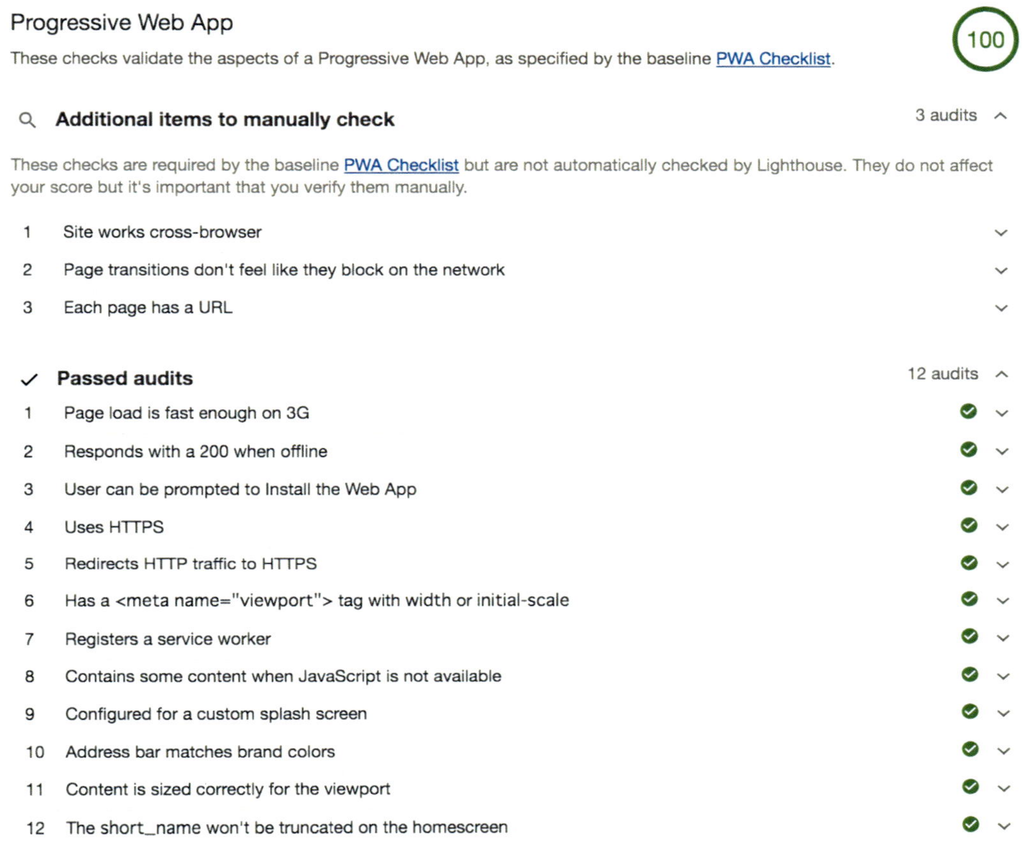

画像の「Passed audits」がLighthouseが機械的にテストする項目です。ベースラインのチェックリストの項目に加えて、HTTPからHTTPSへのリダイレクトテストなども行います。その上の「Additional items to manually check」はベースラインのチェックリストに存在してますが、Lighthouseで機械的にテストできない項目です。「クロスブラウザーで動作する」「ネットワークに依存しないページ遷移」「すべてのページにURLが存在する」の3つがテストできていません。これらのテストは別のツールを使うか、手動でテストを行う必要があります。

筆者の場合は次のようにテストしています。
・クロスブラウザーでの動作は手動でテスト
　―Brwosersyncを使い、開発しながら同時にチェック（レイアウト崩れもチェック）
・ネットワークに依存しないページ遷移も手動でテスト
　―オフライン周りの処理を作成した時にチェック
・すべてのページにURLが存在するかは手動でテスト

――そもそもURLがいないサイト設計にしないことが重要

つまりほぼ手動ですね。この辺りも自動化したいところですが、よい方法があれば情報をいただければ嬉しいです。

このように、ベースラインについてはLighthouseを使い手軽にチェックできます。LighthouseのPWAの項目で緑（75〜100点）になっていればPWAと言えるでしょう。

ベースラインのより細かなチェック項目は大きく分けて次の6つです。
・Googleインデックスされやすいか
・UX
・パフォーマンス
・キャッシュ
・プッシュ通知
・その他
　――Credential Management API
　――Payment Request API

これらについては、PWAをより極めたいときに参照してみると、よりよい体験をユーザーに提供できるかもしれません。

まとめ

Google DevelopersのPWAのサイト（https://developers.google.com/web/progressive-web-apps/）には、PWAは「Web上で驚くべきユーザーUXを提供する新しい方法」と書かれています。またFIREやPWAのチェックリストなどは、いずれもUXに行き着くものです。つまり、PWAはWebにおけるUXを向上するための取り組みのひとつです。

また、PWAはスマートフォンに限った話ではなくなりつつあります。Chromeのバージョン73からPCでもPWAとしてWebアプリケーションをインストールできます。筆者自身もTwitter LiteをmacOSにインストールして利用しています。今後業務アプリケーションなどデスクトップ向けのアプリケーションをPWAとして提供する事例が出てくるかもしれません。

本章の冒頭で、PWAはネイティブアプリとWebのいいとこ取りをしたものと表現しました。これだけを見ると、ネイティブアプリがいらないように見えるかもしれませんが、そんなことはありません。PWAはあくまでもブラウザーにできる以上のことはできません。最近はブラウザーでできることも増えてきましたが、それでもできることは限られています。

たとえば、デバイスに近い機能はブラウザーで提供されている範囲でしか使えません。デスクトップPWAの場合は、ファイルアクセス（書き込み）ができません。ファイルアクセスをするにはElectronなどのデスクトップアプリケーションを作るためのフレームワークなどを利用するのがよいでしょう。

※Google ChromeではFileSystem APIの実装が進んでおり、Google Chromeでは将来的にファイルシステムが扱えるようになります。

このように、PWAがあれば既存のアプリケーションを代替できるわけではありません。あくまでアプリケーションを作る上での選択肢のひとつと捉えてください。

ページ数の都合上、PWAの活用の仕方やメリット・デメリットといったテーマは割愛します。ただ活用の仕方などについては、筆者が以前登壇した際の資料に記載しています。次のURLで公開されているのでご興味のある方はそちらをご覧ください。

https://mya-ake.com/slides/pwa-will-provide-future-web

2.2　PWAを作るためのブラウザーのAPI

次に、PWAを作るために必要なAPIなど、技術的な要素について解説します。作る上で最低限必要なものは次の3つです。

・Service Worker
・Web App Manifest
・Add to Homescreen（A2HS）

またService Workerと一緒に使われることが多い次のふたつについても解説します。

・IndexedDB
・Cache Storage

Service Worker

Serviece WorkerはPWAにおいてとても重要な役割を担っています。このService Workerにより次の3つの機能が実現できます。

・オフライン動作
・プッシュ通知
・Background Sync

本書では、このなかでオフライン動作（3章）とプッシュ通知（4章）について解説します。また、この章では簡単な解説だけにとどめ、Service Workerに関する詳細な解説は別の章に掲載しています。先にService Workerがどういうものかについて詳しく知りたい方は、5章を読んでみてください。

Service WorkerはHTTPリクエスト時に、任意の処理を行えるようにするのが主な役割です。オフライン動作はこのリクエスト時に、ブラウザーに保存しておいたキャッシュをレスポンスとして返すといった処理を実装することで実現されます。この処理を図で表すと次のようになります。Service Workerがクライアント（ブラウザー）とサーバーの間に入るプロキシサーバーのような役割になります。

HTTPリクエストをハンドリングするときのService Workerの立ち位置

図2.4:

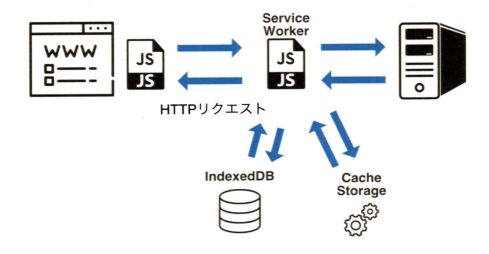

しかし、このような処理について、自分でプログラム書くことはあまりありません（※注1）。

なぜなら、Workboxという便利なライブラリーが存在するからです。このWorkboxを使うと、ブラウザーにキャッシュを保存する処理や、HTTPリクエスト時にキャッシュを返すコードが書かれたService Workerのファイルの生成が自動化されます。本書でも、基本的にService WorkerのコードはWorkboxに生成させています。Workboxについての解説は後述します。

※注1：チューニングしていく場合は自分で記述する必要が出てきます。

Web App Manifest

Web App ManifestはWebサイトの情報を書いたJSONファイルです。manifest.jsonやsite.webmanifestというファイル名が使われます。まず、サンプルコードで使っているJSONをもとに解説します。

```
{
  "name": "try pwa",
  "short_name": "try pwa",
  "icons": [
    {
      "src": "/icons/android-chrome-192x192.jpg",
      "sizes": "192x192",
      "type": "image/png"
    },
    {
      "src": "/icons/android-chrome-512x512.jpg",
```

```
      "sizes": "512x512",
      "type": "image/png"
    }
  ],
  "theme_color": "#ffffff",
  "background_color": "#ffffff",
  "display": "standalone",
  "start_url": "/",
}
```

いくつか項目がありますが、基本的にはすべて埋めたほうがよいでしょう。これらの項目は大まかに分けると、「ホーム画面」「スプラッシュスクリーン」「サイトの表示」の3つに分類できます。それぞれに関わるものを紹介します。

ホーム画面に関する項目と役割

項目	役割
short_name	表示名
icons	表示されるアイコン

スプラッシュスクリーンに関する項目と役割

項目	役割
name	表示名
icons	表示されるアイコン
background_color	背景色

サイトの表示に関する項目と役割

項目	役割
display	画面の表示モード。値によってブラウザーのUIが消えフルスクリーンにできる
theme_color	ブラウザーによってはUIの背景色になる
start_url	アイコンをタップしたときに表示されるページのURL

この中で、「icons」「display」「start_url」についてはこのあと詳しく紹介します。

またここに書かれている項目がすべてというわけではなく、この他の項目も存在します。項目の一覧は、MDNのウェブアプリマニフェストのページ（https://developer.mozilla.org/ja/docs/Web/Manifest）をご覧ください。本書では先の3つに加えて「prefer_related_applications」 「related_applications」についても解説します。

icons

　icons（表示されるアイコン）は192pxサイズと512pxサイズの2種類が必要です。いずれもAdaptive icons（https://developer.android.com/guide/practices/ui_guidelines/icon_design_adaptive）に則ることで、よりアプリと近い雰囲気のアイコンをユーザーのデバイスに配置できるのでオススメです。またアイコンについてはジェネレーターのサービスを使うと楽です。筆者はFavicon Generator（https://realfavicongenerator.net）を利用しています。

　このサービスを使っている理由は次の5つがあるからです。
・PNG画像1枚からサイズ違いのアイコンが生成
・Web App Manifestの生成
・iOS・Mac用のアイコン生成
・Windows用のアイコン生成
・それらに関するmetaタグやlinkタグの生成

　Web App Manifestだけではすべてのプラットフォームに対応できないのですが、このサービスはこれについてもカバーしてくれているためのとても助かります。

display

　displayはデバイスにインストール後、アプリが起動したときの画面の表示モードです。この値は4種類存在しています。

値	効果
fullscreen	表示可能エリア全体に広がります。
standalone	独立したアプリケーションのような見た目になります。ブラウザーのUIは表示されず、スマートフォンならステータスバーなどOSのUIのみ残ります。
minimal-ui	Androidであればアプリ上で開かれるWebとほぼ同じ見た目になります。titleやURLなどが表示されます
browser	ブラウザーの新しいタブまたは新しいウィンドウで開きます

　また、有効な値はデバイスによって異なります。設定した値が有効でない場合は（この表の中の）次の項目にフォールバックされます。たとえばfullscreenに対応していないデバイスの場合はstandaloneになります。

　「fullscreen」と「standalone」と「minimal-ui」のスクリーンショットは次のようになります。

図 2.5:

display: fullscreen

display: standalone

display: minimal-ui

minimal-uiのtitleやURLが書かれている箇所のバーの背景色は、theme_colorの色が入ります。

start_url

start_urlは起動時のURLを指定します。Google Analyticsを利用している場合は、ここにキャンペーンURLを記入するとホーム画面に追加して使っている人のユーザー数などが把握できます。次のような値をstart_urlに設定することで、キャンペーンとしてGoogle Analyticsに認識されます。

```
{
  "start_url": "/?utm_source=pwa&utm_medium=homescreen&utm_campaign=v1"
}
```

キャンペーンURLは次のサービスを使うと手軽に生成できます。

https://ga-dev-tools.appspot.com/campaign-url-builder/

「Campaign Source」「Campaign Medium」「Campaign Name」を入力しておくとGoogle Analyticsの管理画面から手軽に確認できます。

prefer_related_applicationsとrelated_applications

これらは、Webとは別にストアでネイティブアプリケーションを提供している場合に使います。この項目を設定しておくと、ウェブサイトからそのままネイティブアプリをインストールできるバナーが表示されるようです。

使い方は次のとおりです。

```
"prefer_related_applications": true,
"related_applications": [
  {
    "platform": "play",
    "url": "https://play.google.com/store/apps/details?id=com.example.app1",
    "id": "com.example.app1"
  },
  {
    "platform": "itunes",
    "url": "https://itunes.apple.com/app/example-app1/id123456789"
  }
]
```

「prefer_related_applications」をtrueに設定するとPWAのインストールバナーが表示されなくなります。

詳細は次のURLに書かれているので興味がある方はそちらをご参照ください。

https://developers.google.com/web/fundamentals/app-install-banners/?hl=ja#native_app_install_banners

※ホーム画面に追加するバナーの仕様も日々更新されているので、このネイティブアプリをインストールするバナーの仕様も更新されている可能性があります。使用する際はしっかりと検証することをオススメします。

注意点
Web App Manifestは一度デバイスにインストールされると2度と更新されません。リリース前に記載している内容を十分検討した方がよいでしょう。

またiOSのPWAでstandaloneを選択していると、エッジスワイプが効きません。エッジスワイプがなくても扱えるようなUIをアプリケーション側で提供しないと、ユーザーはとても不便な思いをするでしょう。十分なUIが提供できてないと感じる場合は、minimal-uiを指定しておくとよいかもしれません。

Add to Homescreen（A2HS）

Add to Homescreenは文字通りホーム画面に追加する機能を指します。A2HSと略されて書かれることが多いです。
この機能はまだ発展途上の機能であり、まだまだGoogle Chromeでは変更が行われています。最近では、Chrome 68からMini-infobarとA2HS Dialogの2ステップに変更されました。次のスクリーンショットがそれぞれの見た目になっています。

図2.6:

Mini-infobar

A2HS Dialog

　今後はomniboxという形が検討されており、URLのバーの横にアイコンが表示され、そこからインストールできるようになるかもしれません。

　参考URL:https://developers.google.com/web/updates/2018/06/a2hs-updates#the_mini-infobar

mini-infobarの出現条件

　mini-infobarを出すためには条件が存在し、次の条件を満たしている場合のみ出現します。この条件も今後変わる可能性があります。

- 対象のWebアプリケーション・サイトが端末にインストールされていない
- Web App Manifestに次の情報が記載されている
  - short_nameまたはname
  - icons：192pxと512pxのサイズのアイコン
  - start_url
  - display：fullscreen, standalone, minimal-uiのいずれか
- HTTPSで配信されている
- Webアプリケーション・サイトにService Workerが存在し、fetchイベントをハンドリングしている

　最後のfetchイベントをハンドリングしているService Workerは、次のような空のハンドラーでも可です。もしmini-infobarを使いたいが、Service Workerは活用しないという場合はこのようなService Workerを利用します。

```
self.addEventListener('fetch', () => {});
```

IndexedDB

IndexedDBは、ブラウザーに搭載されているオブジェクト指向データベースです。IndexedDBは通常のJavaScript環境（以降「Windowスコープ」と書きます）とServiceWorkerなどのWeb Workers環境（以降「Workerスコープ」と書きます）の両方で使えます。トランザクションの機能を備えているデータベースになっています。またIndexedDBはオリジン（※2）単位で持つことになります（他のオリジンのIndexedDBにはアクセスできない）。

※2オリジンはプロトコル「(https://) ＋ドメイン（example.com）＋ポート番号（:80）」の組み合わせです。この例では`https://exmaple.com:80`がオリジンになります（:80は省略されることもあります）。

保存可能なデータは基本的なJavaScriptの変数であれば問題ありません。しっかり書くとStructured Cloneアルゴリズム（https://developer.mozilla.org/en-US/docs/Web/API/Web_Workers_API/Structured_clone_algorithm）に対応する値が保存可能です。これはBlobやFileなどもそのまま保存できます。

しかし、検索機能などがないためKVS（Key Value Store）として使うことがほとんどです。Key ValueはJavaScriptのObjectと似たようなものです（厳密に言えばMapです）。プロパティーと値が1対1で結びつくようなデータ形式です。

また標準のAPIはcallback形式で使いにくいため、利用する際はライブラリーを利用することをオススメします。筆者がよく使うライブラリーは次のふたつです。

- localForage
  ─ https://localforage.github.io/localForage/
- Dexie.js
  ─ http://dexie.org

localForageはLocalStorageのようにシンプルなAPIとなっています。Dexie.jsは多機能でマイグレーション機能も備えています。シンプルにKVSとして使う場合はlocalForgeを使い、バージョン管理などしっかり行いたい場合はDexie.jsを使うのがよいでしょう。本書ではlocalForgeを使って、IndexedDBを操作します。localForageについては実装の紹介で解説します。

注意点

IndexedDBに限らないのですが、ブラウザーのストレージには容量の制限が存在します。この容量はサイト（オリジン）単位で存在するわけではなくブラウザーに存在するため、他のサイトと共同で分け合うことになります。このため、しばしば容量がついてのエラー（Quota Exceeded Error）が発生します。IndexedDBを前提で作られているアプリケーションの場合、サービスを使えないユーザーが少なからず存在するかもしれません。そのため、IndexedDBはキャッシュなどの本来のサービスの機能に影響を与えないような場面でのみ使用すべきです。

これに関連して、デバイスで使える容量を確認するための`navigator.storage.estimate`関数が存在しています。Promiseを返すため次のように使います。

```
const estimate = await navigator.storage.estimate();
console.log(estimate);   // {quota: 1234567890, usage: 987}
```

　quotaがオリジンで使える上限であり、usageが使用している容量です。ただしこの値はセキュリティー上の理由から正確ではありません。あくまでも目安として利用することになります。

　また保存しているデータは容量が少なくなった際に自動で消されることもあります。永続化されるかどうかはユーザーの環境に依存します。`StorageManager.persist`関数は永続化が可能な場合に`ture`を返し、`StorageManager.persisted`関数はすでに永続化されている場合に`true`を返します。
　persist：https://developer.mozilla.org/en-US/docs/Web/API/StorageManager/persist
　persisted：https://developer.mozilla.org/en-US/docs/Web/API/StorageManager/persisted

　かつて、永続化しているかユーザーにリクエストできたようです。Googleのオフラインクックブック（https://developers.google.com/web/fundamentals/instant-and-offline/offline-cookbook/#cache-persistence）を見ると、この永続化に関して、ユーザーにリクエストするための関数が存在していたとあります。
　しかし、Chrome 72で確認したところ`requestPersistent`関数は存在しなかったので、開発者側から永続化を決めることはできなくなった可能性があります。

Cache Storage API

　Cache Storage APIはIndexedDB同様、WindowスコープとWorkerスコープの両方で使えますが、基本的にはWorkerスコープでしか使いません。そしてこちらもオリジン単位で管理されます。Cache Storage API自体は新しい部類のAPIなのでPromiseが使えます。ライブラリーを使わずそのまま使ってしまってよいでしょう。
　IndexedDBとは異なりCache Storage APIは保存可能な値に制限があります。RequestとResponseというふたつのインターフェイスの組み合わせを保存することになります。基本的にはRequestのみを注意すればよいでしょう。Responseに関してはFetch APIのレスポンスがResponseインターフェイスのオブジェクトになっているためあまり気にする必要はありません。

・Request
　—https://developer.mozilla.org/en-US/docs/Web/API/Request
・Response
　—https://developer.mozilla.org/en-US/docs/Web/API/Response

　Requestの作り方を先に紹介します。次のコードがRequestのオブジェクトを生成しているコードになります。

```
const request = new Request('./images/app_logo.svg');
```

　コンストラクターにURLを入れるだけでできます。シンプルですね。

このRequestのオブジェクトを使いキャッシュの保存などを行います。

キャッシュを保存するまえに、Cacheの構造について解説します。キャッシュはCache Storageに保存されます。Cache Storageにはデータベースのテーブルのような Cache オブジェクトが存在します。Cacheオブジェクトは名前空間を区切る役割と考えると理解しやすいかもしれません。主にこの名前空間はCacheのバージョンを指定するために使うとよいでしょう。

実際に保存保存までの処理を行っているコードは次のようになります。Windowスコープ、Workerスコープ関係なくどちらでも動作します。

```javascript
// Cacheオブジェクトの名前を指定して取得
const cache = await caches.open('cache-v1');
// Requestオブジェクトを作って取得&保存
await cache.add(new Request('./images/app_logo.svg'));
```

add関数を使うことで、HTTPリクエストを行い保存処理までを行います。add関数は保存だけしたい場合に使うput関数とfetchを組み合わせた処理になります。put関数とfetchを組み合わせたコードは次のようになります。

```javascript
const request = new Request('./images/app_logo.svg');
const response = await fetch(request);
if (!response.ok) {
  throw new TypeError('Bad response status.');
}
await cache.put(request, response);
```

これと同じことをadd関数は行います。

次に、保存したものを取得するコードです。

```javascript
const cache = await caches.open('cache-v1');
const response = await cache.match(new Request('./images/app_logo.jpg'));
```

match関数を使うことで取得できます。こちらもとてもシンプルです。

他にもCacheオブジェクトごと消す方法なども存在します。Service Workerの章で、Service Workerのインストールからアンインストールまでの処理についてCache Storage APIを使う処理の例をいくつか紹介しています。その他のメソッドの使い方などは5章を参照してください。

2.3 PWAを作るための補助ツール

PWAを作るためには、前述したService Workerなどを用意する必要があります。これらを用意するのはそれなりに手間がかかるため、自動生成するためのツールやライブラリーが存在します。本書では次の3つを紹介します。

- Workbox
- PWA Compat
- PWABuilder

Workbox

WorkboxはService Worker向けのライブラリーです。Service Workerを自動生成するCLIや、webpackプラグインも用意されています。これは、本書で解説するPWAの実装編でも利用します。具体的な使い方に関しては3章の実装時に解説します。

ここでは、Workboxを使うとどのようなことができるのかを紹介します。

Workboxの概要

Service Workerの処理は、同じような処理を何回も書きます。そこで、Workboxを使うことで煩雑な処理を書かずに済ませることができます。

これに加えてCLIやwebpackプラグインを使うと、ServiceWorkerのコードを1行も書かずにオフライン対応のService Workerが自動的に生成されます。

これらに加えて、WorkboxはService Workerの処理を手軽に書くため、いくつかのAPIを提供しています。

- プリキャッシュ（事前）
- ナビゲーションプリロード
- ストリーム処理
- キャッシュ戦略
- バックグラウンド同期
- オフラインGoogle Analytics

それぞれ紹介していきたいのですが、ページ数の都合上すべてを紹介はしません。ここではオフライン対応をするときに重要な、キャッシュ戦略について解説します。

キャッシュ戦略

キャッシュ戦略はキャッシュを使い方に関する方針です。このキャッシュ戦略はWorkboxに限った話ではなく、キャッシュを扱うところでは検討すべき事項です。

この戦略は主に5つ存在します。

- cache-first
- cache-only
- network-first
- network-only

・stale-while-revalidate

それぞれを簡単に紹介します。

・「cache-first」は、キャッシュに存在すればキャッシュを使い、なければネットワークから取得します。
・「cache-only」はキャッシュのみを使います。
・「network-first」はネットワーク経由でリソースを取得し、もし失敗すればキャッシュを使います。
・「network-only」はネットワーク経由からのみリソースを取得します。
・「stale-while-revalidate」はキャッシュが存在すればキャッシュを返しつつ、ネットワークにリクエストを送り、レスポンスが返ってきたらそのレスポンスをキャッシュに保存します。

この使い分けはサイトの特性、扱うリソースに依存します。ここでは有り得るケースのキャッシュ戦略をいくつか紹介します。

ただし、この例もサイトの方針次第です。あくまでも一例であり、参考程度に捉えてください。実際に戦略を考える際は、サイトの特性とリソースのそれぞれに目を向けて考えましょう。

・サイトのロゴなどService Workerのインストール時にキャッシュしているはずなのでcache-onlyがよいでしょう。
・ユーザーのアバター画像などはstale-while-revalidateがよいでしょう。理由は、ユーザーのアイコンは更新され得るからです。
・APIのレスポンスはものによりますが、リアルタイム性が大事なものはnetwork-onlyにすべきでしょう。

Google Developersのオフラインクックブックには、キャッシュ戦略それぞれの図や使い方などが詳細に書かれています。オフライン対応する際は一読すべき内容となっているのでぜひ目を通してみてください。

https://developers.google.com/web/fundamentals/instant-and-offline/offline-cookbook/

PWA Compat

PWA CompatはWeb App Manifestからiconsやブラウザーごとに必要なmetaタグの自動的に生成するライブラリーです。

https://github.com/GoogleChromeLabs/pwacompat

このライブラリーは、主にiOSのスプラッシュスクリーンのために利用します。Androidの端末はWeb App Manifestのnameとicons、background_colorからスプラッシュスクリーンを作ります。しかし、iOSの場合は各端末ごとにスプラッシュスクリーン用の画像を用意し、linkタグに設定する必要があります。最近はサイズの異なるiPhoneも増え用意しなければならない画像も多くなってきていますが、この手動対応には手間がかかります。そのためこのようなライブラリーを使い自動で対応させる方が楽でしょう。

導入はとても簡単で、次のタグをheadタグ内に記述するだけです（別途Web App Manifestの場所を記述したmetaタグも必要）。ここに書かれているコードはPWA Compat v2.0.8のものです。実際に利用する際は上のGitHubのリポジトリーからコピーしてご利用ください。

```
<script async src="https://cdn.jsdelivr.net/npm/pwacompat@2.0.8/pwacompat.min.js"
    integrity="sha384-uONtBTCBzHKF84F6XvyC8S0gL8HTkAPeCyBNvfLfsqHh+Kd6s/kaS4BdmNQ5ktp1"
    crossorigin="anonymous"></script>
```

　自分でアイコンを用意している場合は、このライブラリーと競合する場合もあるようです。筆者がサンプルコードを書いているときに、自分で用意したアイコンが適用されないなどの問題が発生しました。
　このコードをiconのlinkタグより下に配置すると意図した通りに動いたので、アイコンよりも下に配置することをオススメします。

PWABuilder

　PWABuilderはMicrosoftが主導で作っているPWAに必要なファイルを作るためのツールです。またMicrosoft Storeで配信可能なパッケージも生成できます。

https://www.pwabuilder.com

　Webサービスとして提供されており、既存のWebサイトのURLを入力すると自動で必要なファイルなどを生成してくれます。生成されるファイルはService Worker、Web App Manifest、アイコンです。アイコンはWeb App Manifestのiconsに必要な192pxサイズと512pxサイズが生成されます。
　筆者はService WorkerをWorkboxで生成し、Web Map ManifetはWeb App Manifestのところで紹介したWebサービスを使い生成しています。そのため実運用では使用していません。
　Microsoft Storeで配信する機会があれば利用する予定です。

2.4　まとめ

　この章ではPWAの概要や関連する技術、ライブラリーなどを紹介しました。PWAはUXの向上を重要視しています。UXを向上させる指標としてFIREやPWAのチェックリストを活用するとよいでしょう。
　本書には書ききれなかった事例や活用の仕方などは、筆者が以前登壇したスライドに書いています。ご興味のある方はスライドも合わせてご参照ください。

https://mya-ake.com/slides/pwa-will-provide-future-web

PWAの関連技術はまだ成長途中のものもあります。とくにA2HSは現状から変わる可能性が高い技術です。最後にこれらの情報のキャッチアップの方法について紹介します。

　まず、基本的にはGoogle Developers Webの更新情報を追っているとPWAの情報も一緒に入手しやすいでしょう。

　また、YouTubeのGoogle Chrome Developersチャンネルには、Google I/Oのセッション動画や更新情報を紹介している動画も上がっており、とても参考になります。そしてTwitterではこれらの更新情報がつぶやかれるのでフォローしておくとよいでしょう。

- Updates | web | Google Developers
    - https://developers.google.com/web/updates/
- Google Chrome Developers | YouTube
    - https://www.youtube.com/channel/UCnUYZLuoy1rq1aVMwx4aTzw
- Chrome Developers | Twitter
    - https://twitter.com/ChromiumDev

　次の章では、いよいよ実際にPWAを作ります。

第3章 PWAの実装方法解説

　この章ではPWAの実装について解説します。まずはAdd To Homescreenを実現するために、最低限のPWAを作ります。その後オフラインでも起動するPWAを作るために、Workboxのwebpackのプラグインを使います。

　解説の順序は次の通りです。

　１．PWAとするサイトの雛形作り
　２．Firebase Hostingを使ってサイトを公開
　３．Add To Homescreenができる最低限のPWA作り
　４．Workboxを使ったオフライン対応のPWA作り

　そしてここからは実際に作りながら解説します。冒頭の注意事項にも書きましたが、Node.jsやyarnなどの環境がPCで整っている体で解説します（yarnではなくnpmを利用している方はnpmに適宜読み替えてください）。環境の作り方はWeb上に色々な情報が掲載されています。まだ整っていない方は環境を作ってから読むことをおすすめします。

　筆者の環境は次のとおりです。

・OS:macOS High Sierra
・パッケージマネージャー:yarn
・Node.jsのバージョンマネージャー:nodenv
　―Node.jsのバージョン:10.15.2

　またこの章のサンプルコードのリポジトリーは次のURLで公開しています。分かりづらいコードやコピーしたい場合はリポジトリーのコードを見て下さい。

https://github.com/mya-ake/try-pwa-apis/tree/master/packages/try-pwa-simple

　では作っていきましょう。

3.1 PWAとするサイトの雛形作り

　まずはPWAを作るために元となるシンプルなHTMLやJavaScriptが必要です。ついでにwebpackの設定やbabelや開発サーバーなども一緒にあると嬉しい、ということでVue CLIを使います。

　Vue CLIを使いますがVue.jsに関わるところは触れないので、Vue.jsの知識は不要です。

Vue CLIのインストール

　Vue CLIはVue.jsのプロジェクトを簡単に生成したり、拡張したりできる便利なツールです。まずはVue CLIを端末のグローバルにインストールしましょう。

```
$ yarn global add @vue/cli
```

インストールが終わったら次のコマンドを実行してインストールされたか確認しましょう。

```
$ vue -V
```

インストールされていればVue CLIのバージョンが表示されるはずです。執筆時点ではVue CLIのバージョンは3.4.1なので、3.4.1と出力されています。

ちなみにVue CLIを使うとVue.jsのプロジェクトに最適化された状態のPWAを作ることができます。今回は自分で作ることが目的なので、PWAの機能は使いません。

Vue CLIでプロジェクトの作成

次はVue.jsのプロジェクトを作りましょう。次のコマンドで、対話形式によりプロジェクトを作ることができます。try-pwa-simpleのところはプロジェクト名なので、好きに変えていただいて問題ありません。

```
$ vue create try-pwa-simple
```

次のように聞かれると思うので、同じように選択していってください。ちなみに>が出ているときはどれかひとつ。○が出ているときは複数選択可となっています。カーソルはいずれも上下キーで動き、○を選択するときはスペースでチェックを付け、決定するときはEnterを推します（質問と一緒に操作方法も表示されます）。

次の一覧は、このような凡例となっています。
- CLIの質問
    - 選択や入力
    - 補足

もし途中で選択を間違えたら、作成されたプロジェクトをディレクトリごと削除し、またvue createから始めればOKです。

- Please pick a preset:
    - Manually select features
- Check the features needed for your project: (Press <space> to select, <a> to toggle all, <i> to invert selection)
    - Babel
    - Router
    - Linter / Formatter
- Use history mode for router? (Requires proper server setup for index fallback in production)
    - y
- Pick a linter / formatter config: (Use arrow keys)

―ESLint + Prettier
・Pick additional lint features: (Press <space> to select, <a> to toggle all, <i> to invert selection)
　　―Lint on save
・Where do you prefer placing config for Babel, PostCSS, ESLint, etc.? (Use arrow keys)
　　―In dedicated config files
・Save this as a preset for future projects?
　　―n

すべて選択し終わるとライブラリーなどのインストールが始まります。しばらく待ちましょう。

インストールが終わったら、yarnを使っていれば次のような画面になります（多少の差異があるかもしれません）。

図3.1:

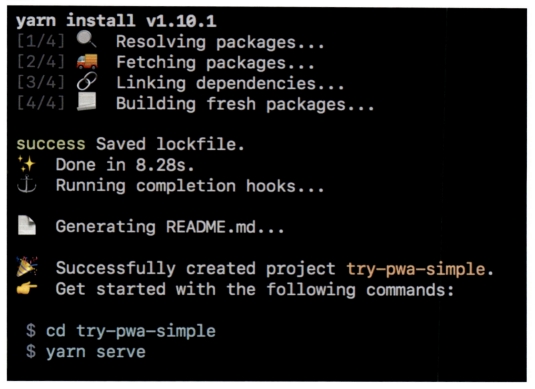

出力されている通り、次のコマンドを実行します。

```
$ cd try-pwa-simple
$ yarn serve
```

yarn serveを実行するとプロジェクトがビルドされ、開発サーバーが立ち上がります。ターミナルが次のように表示されていれば開発サーバーが立ち上がっています（もしかすると多少の差異が

あるかもしれません）。

図3.2:

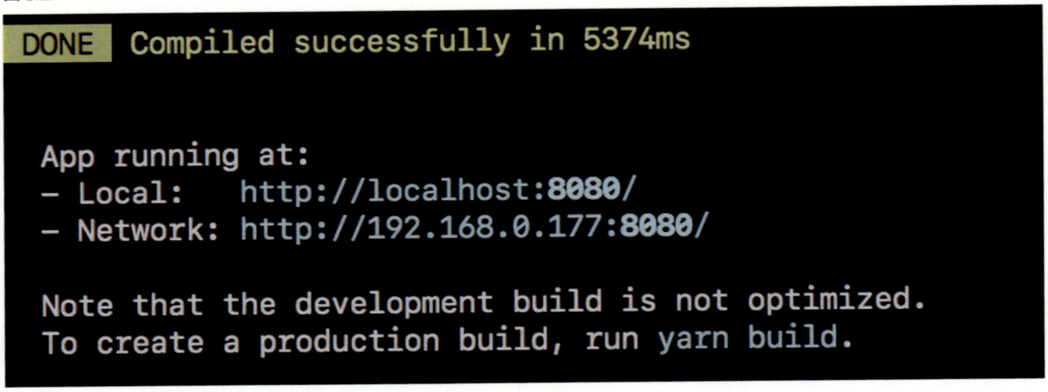
DONE Compiled successfully in 5374ms
App running at:
- Local: http://localhost:8080/
- Network: http://192.168.0.177:8080/
Note that the development build is not optimized.
To create a production build, run yarn build.

`Local: http://localhost:8080/`と表示されます。ブラウザーでアクセスしてみましょう。次のような画面が表示されていると思います。

図3.3:

Home | About
Welcome to Your Vue.js App
For guide and recipes on how to configure / customize this project,
check out the vue-cli documentation.
Installed CLI Plugins
babel
eslint

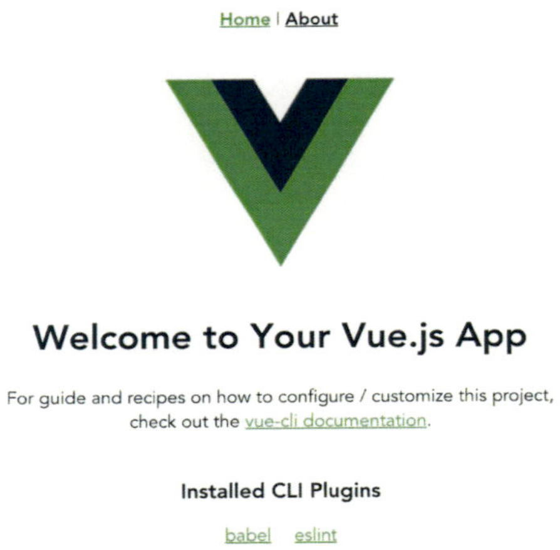

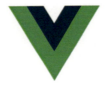

これで基礎となるサイトが作られました。このサイトは`/`と`/about`の2ページ構成のSPAです。Vue.jsのロゴの上にある「Home | About」がそれぞれのリンクです。また下にあるリンクはVue.jsのさまざまなプロジェクトのドキュメントなどへのリンクです。いずれも外部サイトに飛びます。

ちなみに開発サーバーを止めるにはControlキーを押しながらcキーを押します。

次の節ではこのプロジェクトをFirebase Hostingを使い、httpsで配信しましょう。

【補足】スマホで開発環境にアクセスする

yanr serveで開発サーバーを立ち上げたときに`Local: http://localhost:8080/`の下に`Network`

と書かれたIPアドレスがホストネームとなっているURLが存在すると思います。こちらでも開発サーバーにアクセスできます。違いはNetworkの方はスマホや別の端末からもアクセスできるという点です。ただし世界中に公開されているというわけではなく、同じネットワーク上（家のWiFiなど）に接続している端末からだけ見えます。カフェなどのパブリックなWiFiでもアクセス可能なので、その点は注意が必要かもしれません。と言ってもIPアドレスベースなのでほぼアクセスされることはないでしょう。またアクセスされたからと言って、改変などができるわけではないのでその点はご安心ください（ただし、見えてしまうので機密性の高い作業をしてるときは気をつけましょう）。

3.2 Firebase Hostingを使ってサイトを公開

　PWAを作るためにはHTTPS環境でサイトが公開されている必要があります。そこで手軽にHTTPSでサイトを公開できるFirebase Hostingを使います。サンプルのコードを試す程度であれば無料で使えるのでご安心ください。

Firebase CLIのインストールと初期化

　まずはFirebase CLIをグローバルにインストールしましょう。公式のドキュメントはこちら（https://firebase.google.com/docs/hosting/quickstart?hl=ja）です。

```
$ yarn global add firebase-tools
```

　インストールされたか次のコマンドで確認しましょう。問題なければバージョン番号が表示されます（執筆時点では6.4.0）。

```
$ firebase -V
```

　次にFirebaseのアカウントにログインします。このコマンドを実行すると、また対話形式で質問されるのでそれぞれ答えていきましょう、

```
$ firebase login
```

- Allow Firebase to collect anonymous CLI usage and error reporting information? (Y/n)
    ―匿名でエラー情報を収集しても大丈夫か？と聞かれます
    ―収集しても大丈夫なら「y」、困るなら「n」です
    ―どちらでもOKです
- ブラウザーが開き使用するGoogleアカウントを選択します
- 権限について聞かれるので許可しましょう
- これで完了です

認証が完了したら、次はFirebaseのプロジェクトとして次のコマンドで初期化します。また対話

形式で質問されるのでそれぞれ答えていきます。Vue CLIと同様に複数選択の質問もあるので注意しましょう。

```
$ firebase init
```

・Which Firebase CLI features do you want to setup for this folder? Press Space to select features, then Enter to confirm your choices.
　──Hosting: Configure and deploy Firebase Hosting sites
・Select a default Firebase project for this directory: (Use arrow keys)
　──[create a new project]
・What do you want to use as your public directory?
　──dist
　──※入力が必要です
・Configure as a single-page app (rewrite all urls to /index.html)? (y/N)
　──y
・File dist/404.html already exists. Overwrite?
　──n
・File dist/index.html already exists. Overwrite?
　──n

`Firebase initialization complete!`と表示されれば成功です。ここでhttps://console.firebase.google.comにアクセスしてプロジェクトを作るよう指示されます。

Firebaseでプロジェクトの作成

プロジェクトを追加という「+」付きの大きなカードボタンをクリックします。クリックすると、次のようなダイアログが表示されると思います。

図 3.4:

項目を埋めていきましょう。
- プロジェクト名
  —なんでも OK
- プロジェクト ID
  —自動で入力されていると思います
  —必要であれば変更
  —このプロジェクト ID を使うときは以降 <firebase-project-id> と記述します
- アナリティクスの地域
  —日本
- Cloud Firestore のロケーション
  —us-central

・残りのチェックボックスを両方チェック
・作成ボタンを押す

しばらくするとプロジェクトが作成されます。作成され次へを押すとFirebaseのプロジェクトのコンソール画面に遷移します。

コンソール画面が表示されたら再びターミナルに移動しましょう。ターミナルで次のコマンドを実行します。実行すると再び質問されるので答えていきましょう。

```
$ firebase use --add
```

・Which project do you want to add?
　―<firebase-project-id>
・What alias do you want to use for this project? (e.g. staging)
　―プロジェクトのエイリアスを聞かれます
　―とくに指定はありませんが今回は「dev」と入力しました

これで準備が整いました。

Firebase Hostingにデプロイ

ついにデプロイです。デプロイの前にプロジェクトをビルドしましょう。次のコマンドでVue.jsのプロジェクトがビルドされます。

```
$ yarn build
```

ビルドすることで公開用のプロジェクトがdistディレクトリーに生成されます。ビルドが完了したらデプロイです。次のコマンドを実行するとFirebaseにデプロイされます。

```
$ firebase deploy
```

実行が完了するとプロジェクトがWeb上に公開されます。URLはターミナルに次のように表示されています。Hosting URL: https://<firebase-project-id>.firebaseapp.com

アクセスすると、さきほどローカルで表示されていたVue.jsのプロジェクトと同じものが表示されていれば成功です。これで、HTTPSで配信できたので次はAdd To Homescreenを出すための実装をしていきましょう。

補足

デプロイしたサイトを非公開にするときは次のコマンドを実行します。本当に停止していいか聞かれるので「y」と入力します。

```
$ firebase hosting:disable
```

実行後しばらくするとFirebaseのNot Found画面が表示されるようになります。

3.3　Add To Homescreenができる最低限のPWA作り

次は、Add To Homescreenのmini-infobarを出してホーム画面に追加する、というところまで行います。ただし、実際に作ってもmini-infobarを確認できるのはAndroidの端末を持っている方だけです。自分でお持ちでない方は、友人や家族などAndroidを持っている人に借りて確認してみましょう。

改めて表示される条件を書いておきます。
・対象のWebアプリケーション・サイトが端末にインストールされていない
・Web App Manifestに次の情報が記載されている
　─short_nameまたはname
　─icons：192pxと512pxのサイズのアイコン
　─start_url
　─display：fullscreen、standalone、minimal-uiのいずれか
・HTTPSで配信されている
・Webアプリケーション・サイトにService Workerが存在し、fetchイベントをハンドリングしている

ひとつ目、3つ目は条件が整っているので、ふたつ目のWeb App Manifestと4つ目のService Workerを作って行きましょう。

Web App Manijestを作る

Web App Manifestは単純なJSONファイルです。作るのは簡単ですが、課題があります。iconsとして、512pxサイズの正方形の画像を用意する必要があります。

この段階で用意するのが面倒！という場合は、GitHub上で公開されているPWAのロゴを使いましょう。パブリックドメインで自由に使えます。

https://github.com/webmaxru/progressive-web-apps-logo

この中のREADME.mdにある次のpng画像を使いましょう。

図3.5:

もちろん、自分で用意しても問題ありません。

画像が準備できたので、192pxサイズと512pxサイズのアイコンを作りましょう。せっかくなので、2章で紹介したこのサービスでアイコンを作っていきます。

- Favicon Generator- https://realfavicongenerator.net/

まず、画面右側の「Select your Favicon picture」で用意した画像を選択します。260px☓260px以上の画像が望ましいと書いてありますが、今回は512pxのアイコンが必要なので、512px☓512pxの画像を使う方がよいでしょう。

選択すると、画像によっては確認のモーダルが表示されます。確認して問題なければモーダル右下の「Confirm ~」を押しましょう。

次の画面は各OSごとのアイコンを設定する画面です。

各OSごとのアイコンを設定をする画面

図3.6:

ここは一番下の「Favicon Generator Options」以外は自由に設定しても問題ありません（面倒であればそのままでもOKです）。

Favicon Generator OptionsのPathタブを次の画像のように/iconsと入力してください。これはアイコンを置いておくディレクトリのパスを指定するためです。

アイコンセットを配置するディレクトリの設定

図3.7:

問題なければ「Generate your Favicons and HTML code」を押し、アイコンセットや必要なmetaタグ、Web App Manifestなどがまとめて生成されます。今回は、一番左のタブの「HTML5」のものを使います。

まずは「Favicon package」ボタンをクリックし、アイコンセットをダウンロードします。ダウンロードしたアイコンセット解凍し、中身をVue.jsのプロジェクトの/public/iconsディレクトリに入れます。

※iconsディレクトリはまだ作られていないので自分で作る必要があります。

次にmetaタグを/public/index.htmlにコピペします。

次のようにtitleタグの下に追加すればよいでしょう。

※タグの種類や中身は記載されているものから更新されている可能性もあります。

```
<link rel="icon" href="<%= BASE_URL %>favicon.ico">
<title>try-pwa-simple</title>
<link rel="apple-touch-icon" sizes="180x180" href="/icons/apple-touch-icon.jpg">
<link rel="icon" type="image/png" sizes="32x32" href="/icons/favicon-32x32.jpg">
<link rel="icon" type="image/png" sizes="16x16" href="/icons/favicon-16x16.jpg">
<link rel="manifest" href="/icons/site.webmanifest">
<link rel="mask-icon" href="/icons/safari-pinned-tab.svg" color="#5bbad5">
<link rel="shortcut icon" href="/icons/favicon.ico">
<meta name="msapplication-TileColor" content="#2d89ef">
<meta name="msapplication-config" content="/icons/browserconfig.xml">
<meta name="theme-color" content="#ffffff">
```

```
</head>
```

　これでアイコンの設定は完了です。各OSでも、インストールすると設定したアイコンでホーム画面に追加されます。

　次に自動生成されたWeb App Manifestを調整します。/public/icons/site.webmanifestがWeb App ManifestのJSONファイルです。デフォルトではstart_urlの項目が入っていないので追加します。もし入っていれば、値が/になるようにしましょう。

　念のため、必要な項目を記入したWeb App Manifestを掲載します。「name」「short_name」「theme_color」「background_color」はお好みの値を設定してもOKです。

```
{
    "name": "Try PWA Simple",
    "short_name": "Try PWA",
    "icons": [
        {
            "src": "/icons/android-chrome-192x192.jpg",
            "sizes": "192x192",
            "type": "image/png"
        },
        {
            "src": "/icons/android-chrome-512x512.jpg",
            "sizes": "512x512",
            "type": "image/png"
        }
    ],
    "theme_color": "#ffffff",
    "background_color": "#ffffff",
    "display": "standalone",
    "start_url": "/"
}
```

　これでWeb App Manifestの準備は完了です。

【補足】Add To Homescreenのデバッグ
　Service Workerを作る前にAdd To Homescreenのデバッグの仕方を解説します。まず開発サーバーを立ち上げるために次のコマンドを実行してください。

```
$ yarn serve
```

そしてChrome Developer ToolsのApplicationパネルを開きます。左側のナビゲーションのApplicationのところのManifestを選択します。

すると次のような画面が開かれ、右側に「Add to homescreen」というリンクが表示されます。これをクリックすることでデバッグが可能です。

A2HSのデバッグ

図 3.8:

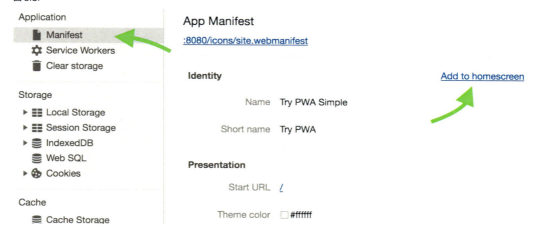

ただし、現在の状態でクリックすると次のようなエラーメッセージがコンソールに表示されることがあります。

> Site cannot be installed: no matching service worker detected. You may need to reload the page, or check that the service worker for the current page also controls the start URL from the manifest

このエラーメッセージが表示されるのは、Add To Homescreenの条件を満たせていないからです。クリックして、なにもエラーが表示されなければOKです。

このエラーメッセージは「Service Workerがインストールされていない」というエラーです。次の項でService Workerを作ることで解消されるので、今は表示されていても問題ありません。

Service Workerを作る

ここでは、最低限必要なfetchイベントをハンドリングしたService Workerを作ります。

まず、/public/sw.jsを作ります。この中に次のコードを記述します。2章でも紹介した、何もしないService Workerです。

```
self.addEventListener('fetch', () => {});
```

次に、このService Workerを登録するコードを追加します。/src/main.jsに次のコードを追記します。

```
// 省略
new Vue({
  router,
  render: h => h(App)
}).$mount("#app");

// ↓追記
if ("serviceWorker" in navigator) {
  navigator.serviceWorker.register("/sw.js")
    .catch(() => {}); // 必要であればエラー時の処理も書く
}
```

　この状態でまた開発サーバーを起動し、Add To Homescreenのデバッグを行ってみましょう。今度はコンソールになにも表示されません。

　これで、Add To Homescreenのmini-infobarが表示される準備が整いました。

再びデプロイ

　準備が整ったので、Firebaseに再びデプロイしましょう。

```
$ yarn build
$ firebase deploy
```

　デプロイが完了したら、Android Chromeでアクセスしてみてください。次のスクリーンショットのように、画面下部にmini-infobarが表示されていれば成功です。

図 3.9:

これをタップするとA2HS Dialogが表示されるので、ホーム画面に追加してみましょう。今回作成したPWAのアイコンがホーム画面またはアプリの一覧に現れれば大成功です。

もしキャンセルしてしまい、更新してもmini-infobarが出なくなってしまった場合は、右上の「︙」のメニューの「ホーム画面に追加」からA2HS Dialogを表示できます。

ホーム画面、またはアプリの一覧に現れたアイコンをタップして起動してみましょう。起動するとブラウザー特有のUIが消え、ネイティブアプリが動作しているときのような見た目です。また、アプリのタスクリストにも単独のアプリケーションとして存在しているはずです。

このようにPWAにすると、他のネイティブアプリ同様の扱いになります。もちろんアンインストール方法も、ネイティブアプリと同様です。

ちなみに、Homeの下にVue.jsのドキュメントなど外部サイトへのリンクが表示されます。これをタップすると別途ブラウザーが立ち上がり、そのリンク先に遷移します。

次はWorkboxを使って、オフラインに対応していきましょう。

【補足】Service Workerをアンインストールする

Service Workerはオリジン単位でインストールされます。公開しているサイトではあまり問題にならないのですが、ローカルで開発しているときはオリジンが重複してしまうことが多々あります。

第3章　PWAの実装方法解説　｜　41

その際、コードからアンインストールするのは面倒です。

これは、Chrome Developer Toolsからアンインストール可能です。A2HSのデバッグ同様にApplicationパネルを開きます。Manifestの下のService Workersをクリックします。そうすると次のスクリーンショットのようにオリジンに登録されているService Workerを確認できます。

図3.10:

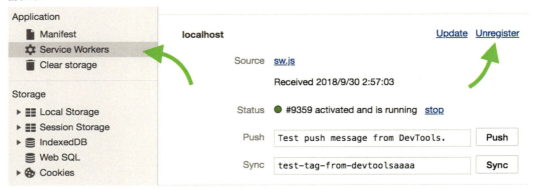

この右側にあるUnregisterをクリックすることでService Workerをアンインストールできます。

ちなみにUnregisterの左のUpdateをService Workerの更新を確認できます。開発時はホットリロードで勝手に更新されるので、あまり使うことはないかもしれません。

またStatusと書かれたところにstopと表示されています。これをタップすることで、コントロール状態になっているService Workerを止めることができます。stopではアンインストールはされないので、一時的に止めてキャッシュを使わない状態を確認する際に便利です。

【補足】Service Workerとキャッシュをまとめて削除する

Service Workersの下のClear StorageでもService Workerを消すことができます。「Clear site data」というボタンを押すだけでキャッシュしているものを含めてまとめて消せます。PWAの開発をしている際はこちらを使う方が便利かもしれません。

3.4 Workboxを使ったオフライン対応のPWA作り

ここではWorkboxのwebpackプラグインを使って、オフラインに対応します。

Workbox webpackプラグインの設定

まずは次のコマンドをVue.jsのプロジェクトのディレクトリーで実行します。

```
$ yarn add -D workbox-webpack-plugin
```

次にwebpack.config.jsとvue.config.jsをプロジェクトに作成します。作成する場所はpackage.jsonと同じ階層でOKです。

webpack.config.jsはwebpackの設定を書くためのファイルです。vue.config.jsはVue CLIで作ったプロジェクト用の設定を書くためのファイルです。Vue CLIのプロジェクトはこの設定ファイルにデフォルトのwebpackの設定に追加の設定を加えることができます。

先にwebpack.config.jsの設定をしましょう。

```
const { GenerateSW } = require("workbox-webpack-plugin");

module.exports = {
  plugins: [
    new GenerateSW({
      swDest: "sw.js",
    })
  ]
};
```

workbox-webpack-pluginのGenerateSWというプラグインを使います。これをwebpackの設定のpluginsに追加します。GenerateSWの引数にはさまざまなオプションを設定できます。swDestはWorkboxが出力するファイルの名前です。ここではインストール用のコードを使い回すためにさきほどと同じsw.jsを指定しています。

※sw.jsを指定しているためdistディレクトリーに存在した/public/sw.jsは使われなくなります。

次にvue.config.jsです。

```
const configureWebpack = require("./webpack.config");

module.exports = {
  configureWebpack
};
```

Vue CLIのconfigureWebpackという設定が、webpackの設定を追加するプロパティーになります。ここに書いたwebpackの設定は、内部的にwebpack-mergeによりデフォルトの設定とマージされます。

この状態で開発サーバーをyarn serveで立ち上げて、Chrome Developer ToolsのService Workerの部分を見てみましょう。次の画像のように、statusのところに「waiting to activate」と書かれています。

Service Workerのwaiting状態

図3.11:

「activated and running」が今コントロール状態にあるService Workerで、その次の「waiting to activate」がWaiting状態のService Workerです。

Workboxで生成したService Workerはまだ適用されていません。適用させるには、いったん開発サーバーを開いているタブをすべて閉じるか、横にあるskipWaitingを押す必要があります。画面をリロードしても、新しいService WorkerはActivateしないので注意が必要です。再び開きなおすか、skipWaitingを押すと新しいService WorkerがActivate状態になります。

また、コンソールにWorkboxと書かれたログが出現していると思います。これはWorkboxによって作られたService Workerが出力しているものです。

まだActivateされてませんが、install処理が実行され、静的ファイルがCache Storageに保存されました。

これで、このプロジェクトはオフラインでも表示されるようになりました。

実際にオフラインでも表示されるかChrome Developer Toolsを使って確認しましょう。次の画像のようにNetworkパネルにOfflineというチェックボックスがあります。このチェックを付けるとオフライン状態にできます。

Chrome Developer Toolsのオフライン設定

図3.12:

このOfflineにチェックを付けて、画面をリロードしてみましょう。問題なく画面が表示されるはずです。これでオフライン対応のPWAを作ることができました。

Firebase Hostingにデプロイ

デプロイ前に、プラグインの設定を少し変えましょう。

試している途中にService Workerを更新する度にタブをすべて閉じたり、skipWaitingを押すのは少し面倒です。WorkboxはこのskipWaitingを自動で行う設定があります。webpack.configを次のように書き換えましょう。

```
const { GenerateSW } = require("workbox-webpack-plugin");

module.exports = {
  plugins: [
    new GenerateSW({
      swDest: "sw.js",
      skipWaiting: true,
      clientsClaim: true
    })
  ]
};
```

skipWaitinはWaitingのスキップです。clientsClaimはService WorkerがActivate後、すぐにコントローラーとする設定です。Service WorkerのWaitingのスキップなどについては5章をご確認ください。5章でも紹介しますが、実際に使う際は要検討です。

これでService Workerを更新してもすぐにサイトに適用されるようになりました。実際にまたビルドしてデプロイしてみましょう。

```
$ yarn build
$ firebase deploy
```

デプロイが完了したら、PCまたはスマートフォンでサイトにアクセスします。アクセス後、PCならChrome Developer Toolsでオフラインに、スマートフォンなら機内モードにしてオフライン状態を作りましょう。この状態で画面をリロードしてみてください。問題なく画面が表示されていればオフライン対応ができています。

また、ここでLighthouseも試してみましょう。Chrome Developer ToolsのAuditsパネルを開きテストしてみます。見事PWAの点数が100点になっていれば、オフライン対応ができています。

ただし、まだ完全にオフラインに対応できたわけではありません。オフライン環境でAboutペー

ジを開きリロードしてみてください。残念ながら画面が表示されないはずです。

そこで、最後にAboutページもオフラインでのリロードに対応させましょう。

Workboxの Navigation Fallback

Navigation FallbackはSPAに有効な機能です。SPAではない構成であれば、各ページにHTMLが存在するので、オフラインのときもそのHTMLが返されます。しかし、SPAの場合はHTMLがルートにしか配置されていません。そのためルート以外ページでアクセスすると基本的にはHTMLがないためページを表示できません。

開発サーバーやFIrebase Hostingはこの対策で、存在しないページのときは自動でルートのHTMLを返す仕組みになっています。Firebaseの設定で`Configure as a single-page app (rewrite all urls to /index.html)? (y/N)`の質問でyと答えたのでこの仕組が有効になっています。

これと同様に、Workboxにもこの仕組みが存在します。それがNavigation Fallbackです。早速設定してみましょう。オプションに`navigateFallback`プロパティーを追加し、その値に`/index.html`を追加します。

```
const { GenerateSW } = require("workbox-webpack-plugin");

module.exports = {
  plugins: [
    new GenerateSW({
      swDest: "sw.js",
      skipWaiting: true,
      clientsClaim: true,
      navigateFallback: "/index.html" // 追加
    })
  ]
};
```

これで準備できたので、またビルドしてデプロイしましょう。

```
$ yarn build
$ firebase deploy
```

デプロイが完了したら、サイトにアクセスします。Aboutページにアクセスし、オフライン状態で再びリロードしてみましょう。今度はAboutページがしっかり表示されると思います。

もし表示されなければ、Service Workerが更新されていない可能性があります。オンライン状態にしてアプリケーションのタスクキルやブラウザーのタブをいったん消すなどを行い、Service Workerを更新してみてください。

3.5 まとめ

　この章では実際にオフラインでも動作するPWAを作ってみました。意外と簡単？こんなもの？という方もいらっしゃるかもしれません。実際は大変なところをWorkboxがやってくれているおかげで、ちょっと設定するだけでオフライン対応までできてしまいます。

　ただし、デフォルトの設定ではすべてのリソースをプリキャッシュしています。そのため、規模の大きいサイトでは最初のインストールに時間がかかってしまうかもしれません。この辺りを調整するためには、Workboxのオプションでの調整や自前のService Workerなどを用意していく必要があります。

　しかし、最近は各種フレームワークの提供元がそのフレームワークに適した状態のService Worekrを作るためのライブラリーを用意している場合があります。今回使ったVue CLIのプロジェクトを作るときの選択肢にあったPWAがその一例です。基本的に使っているフレームワークが提供しているライブラリーがある場合は、そちらを使う方が実装コストも低く、失敗が少ないでしょう。

　PWAのオフラインなどはとても魅力的ですが、一歩間違えると更新の難しいサイトができ上がってしまいます。特にサイトをリニューアルするときには、リニューアル前のSerivce Workerなどが残っているとリソースの取得が正常にできず、トラブルの元になりかねません。Service Workerを備えたサイトをリニューアルする際は、しっかりと削除できるような仕組みを用意しましょう。

　またライブラリーを使っていたとしても、削除まで用意されているケースは現状あまりないかもしれません。自分自身がしっかりとしたService WorkerやPWAの知識を身につけることが大切です。

第4章　Web Pushの実装解説

　この章ではWeb Pushの実装を解説します。
　Web Pushをするためにはプッシュ通知を送るためのサーバーが必要です。そのため、この章ではサーバーの実装とクライアントの実装を行き来します。サーバーもNode.jsで実装するため、すべてJavaScriptでの実装になります。
　サーバー自体はローカル環境でも動くように、Express.jsを使い実装します。最終的には、サーバーはAWS Lambdaで稼働させます。AWSは触れないけどプッシュ通知はやってみたい、という方でも読み進められるでしょう。
　どうしてLambdaなのか？ですが、単純に筆者がAWSをメインで使っていて、サーバーレスのプッシュ通知サーバー作れたらおもしろいなという理由です。ただ、サーバーレスであるメリットは大いにあります。プッシュ通知は常時使われているような機能ではなく、必要なときに必要なだけ送信できればOKです。サーバーレスは常時稼働しているサーバーと比べて、負荷やコスト面における優位性があります。今回のプッシュ通知のように必要なときに必要なだけ使えるので、プッシュ通知の機能だけを持ったサーバーをマイクロサービスとしてサーバーレスで作るのはメリットが多いのです。

　では、実装の解説に入っていきましょう。この章では次の要素が出てきます。それぞれの詳細な解説はしていないのでご了承ください。
- Firebase
- AWS
- Vue.js
- Serverless Framework
- Express.js

この章は次のような順で解説します。
1. 全体像解説
2. クライアントとサーバーのやりとりを円滑にするための準備
3. Push通知を行うための下準備
4. プッシュ通知サーバーの実装解説
5. クライアントの実装解説
6. Lambdaへのデプロイ

　またプッシュ通知はAndroid端末、またはPCのGoogle Chromeを対象として解説します。iOSは対応していないので、Android端末をお持ちでない方はPCで動作をご確認ください。
　この章のサンプルコードのリポジトリは次のとおりです。ご活用ください。リポジトリは最終型の状態になっているので注意が必要です。

クライアント：

https://github.com/mya-ake/try-pwa-apis/tree/master/packages/try-pwa-web-push-client

サーバー：

https://github.com/mya-ake/try-pwa-apis/tree/master/packages/try-pwa-web-push-server

全体像解説

まず、作るものの全体像から解説します。現状プッシュ通知を送るためには、Firebase Cloud Messaging（以降FCM）を利用する必要があります。これはWebに限らずAndroidのネイティブアプリでも同様です。iOSの場合はAPNSというAppleのプッシュ通知サービスを利用します。iOSでのプッシュ通知はまだsafariに実装されていないので、しばらく様子見です。

今回も例に漏れずFCMを使っていきます。

今回はシンプルにクライアントがプッシュ通知を送るボタンを押すと、その端末にプッシュ通知を送るという処理を実装します。この実装におけるプッシュ通知を送るときは、次の図のような順でリクエストが流れていきます。登場人物は、左下のスマホやPC、Vue.jsのロゴがあるところがクライアントです。右下のNode.jsのロゴがあるところがサーバーです。上のFirebaseのロゴがFCMです。この3つが今回の登場人物になります。

FCM利用時のプッシュ通知を送るためのフロー図

図4.1:

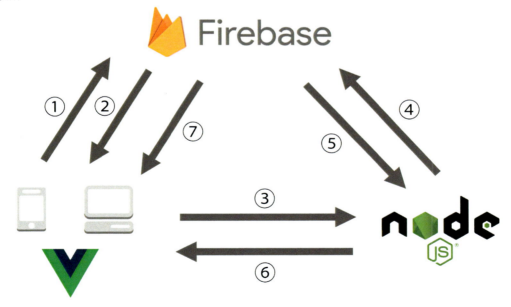

①クライアントはFCMにトークンを要求
②FCMはクライアントにトークンを返す
③クライアントはトークンをサーバーに送信
④サーバーはトークンとプッシュ通知に表示させるメッセージをFCMに送信
⑤FCMは受理したことをサーバーに返答
⑥サーバーはプッシュ通知を送る処理が正常に実行されたとクライアントに返答
⑦FCMからクライアントにプッシュ通知が送られれる

本来であればFCMのトークンをサーバーに保存しておいて、そのトークンを使い再びプッシュ通知を送ります。しかし、保存しておくためには永続化するためのストレージ（RDB）などが必要になります。そこまで用意すると本題であるプッシュ通知を送るというところから脱線するので、今回はトークンをクライアントに保存し、プッシュ通知を送りたいときにトークンをサーバーに送ることとします。

全体像は、大まかにこのようになっています。サーバーは最終的にはAWS Lambdaになりますが、Lambdaになるからどうなるということはあまりないので、説明を簡単にするためNode.jsと記載しています。

まずはクライアントとサーバーのリクエストのやりとりをするところから実装していきましょう。

4.1　クライアントとサーバーのやりとりを円滑にするための準備

2ステップ目です。ここでは簡単にクライアントからサーバーにリクエストを送るところまでを実装します。

クライアントのプロジェクト作成

まずは、クライアントのプロジェクトから作っていきます。クライアントのプロジェクトは、Vue CLIで作ります。CLIの質問の解答は、3章で作ったものと同じです。

```
$ vue create try-pwa-web-push-client
```

プロジェクトのディレクトリーに移動したら、Vue.jsとよく使われるaxiosを追加します。axiosは、ユニバーサルなHTTPクライアントライブラリーです。

```
$ yarn add axios
```

このaxiosをより便利に使うために、プラグイン化しましょう。vue-axiosというプラグインがすでに存在しますが、Vue.jsのプラグインはけっこう簡単だということも知ってもらいたいのでさくっと紹介します。

/src/plugins/axios/index.jsを作り、次のコードを記述します。Vue.jsのプラグインはVue.use

関数でインストールできます。このuse関数の引数にはinstallプロパティーを持ったObjectを渡すだけです。

```javascript
import axios from "axios";

const install = (Vue, config = {}) => {
  const client = axios.create(config);

  // Vueオブジェクトのprototypeに$_axiosプロパティーを追加
  Object.defineProperty(Vue.prototype, "$_axios", {
    get() {
      return client;
    }
  });
};

// installプロパティーを持ったObjectをexport
export default {
  install
};
```

コード中にも少しコメントを書いているのですが、Vue.prototypeに$_axiosプロパティーを追加しています。prototypeに$_axiosプロパティーを追加することで、Vueオブジェクトのインスタンスとなる、SFCのコンポーネントのthis.$_axiosでaxiosが扱えるようになります。

また、$_をプレフィックスを付けている理由は、スタイルガイド（https://vuejs.org/v2/style-guide/#Private-property-names-essential）に則るためです。自前のプラグインやミックスをプロパティーに追加するときは$_を付けて、Vue.js本体や他の公式プラグインと競合しないようにします。

次に/src/axios.jsを作り、作ったプラグインをインストールさせるコードを書きます。

```javascript
import Vue from "vue";
import Axios from "./plugins/axios";

Vue.use(Axios);
```

そして、/src/main.jsで/src/axios.jsをimportします。

```javascript
import Vue from "vue";
import App from "./App.vue";
import router from "./router";
```

```
import "./axios";

// 省略
```

こうするとコンポーネント内でthis.$_axiosからHTTPリクエストが送れるようになりました。

クライアントはいったんこの状態で置いておいて、リクエストを受け付けるためのサーバーを作りましょう。

サーバーのプロジェクト作成

次はサーバーです。Node.jsのバージョンはv8.10.0以上を想定しています。

サーバーはExpress.js（以降Express）という、それなりに枯れたフレームワークを使います。Expressを使う理由は、AWS LambdaでExpressを動かすためのAWS公式のライブラリーが存在するからです。

Expressも基礎プロジェクトを作るためのCLIが存在するのですが、使わないファイルも作られるので今回は一から作ります。プロジェクト名（ディレクトリー名）はtry-pwa-web-push-serverにします。

ディレクトリーを作ったらyarn initをしてプロジェクトを初期化します。また、必要なdotfiles（.gitignoreなど）は、読者の好みで用意してください。とくにこだわりのない方は、本書のリポジトリーのプロジェクトを参考にしてみてください。

リポジトリー：https://github.com/mya-ake/try-pwa-apis/tree/master/packages/try-pwa-web-push-server

Expressを追加します。

```
$ yarn add express
```

Expressを追加したら次のようにディレクトリーやファイルを作ります。

```
try-pwa-web-push-server/
├── app/
│   ├── middlewares/
│   │   ├── cors-middleware.js
│   │   ├── custom-default-header-middleware.js
│   │   └── index.js
│   ├── routes/
│   │   └── index.js
```

```
│       ├── core.js
│       └── index.js
├── bin/
│       └── index.js
└── package.json
```

　appディレクトリが、サーバーのコード本体が入るところです。binディレクトリは、ローカルでappのコードを実行するためのコードです。/bin/index.jsが呼び出されることでサーバーが起動します。

　/app/routes/index.jsは、リクエストのパスに応じたレスポンスを返すコードです。ここでは確認用に{"message":"ok"}を返すだけのコードを書いています。

```
const express = require('express');
const router = express.Router();

router.get('/', (req, res) => {
  res.json({ message: 'ok' });
});

module.exports = router;
```

　/app/middlewares/cors-middleware.jsは、CORSに関するheaderの設定をするためのミドルウェアです。ちなみにExpressにはミドルウェアという仕組みがあり、リクエストやレスポンスのさまざまな値を操作できます。

　CORSはCross-Origin Resource Sharingの略称です。読みはコルスです。ブラウザーではアクセスしているサイトから、異なるオリジンへのHTTPリクエストは制限されています。この制限は、サーバーのレスポンスにAccess-Control-Allow-Xxxヘッダーを付けることで回避できます。

　Access-Control-Allow-Headersは許可するヘッダーの名前の一覧を設定するヘッダー。Access-Control-Allow-Methodsは許可するHTTPメソッドを指定するヘッダー。Access-Control-Allow-Originはリクエストを許可するオリジンを指定するヘッダー。いずれも重要ですがAccess-Control-Allow-Originが一番重要です。次のコードでは*を指定しています。*をすべてのオリジンを許可するという設定になります。今はローカル環境なので*を指定してますが、本番運用などする際は許可したいオリジンを指定します。基本的にはAPIを利用したいサイトのオリジン（https://example.comなど）を指定します。

```
const corsMiddleware = (req, res, next) => {
  res.header(
    'Access-Control-Allow-Headers',
```

```
    'Origin, Content-Type, Content-Length, Accept',
  );
  res.header('Access-Control-Allow-Methods', 'GET, POST');
  res.header('Access-Control-Allow-Origin', '*');
  next();
};

module.exports = { corsMiddleware };
```

　ここでは紹介のために自分でミドルウェアを作成していますが、プロダクトではcors（https://www.npmjs.com/package/cors）を使うとより手軽に設定できます。

　/app/middlewares/custom-default-header-middleware.jsはデフォルトのレスポンスヘッダーのを上書きしているミドルウェアです。Expressの場合、x-powered-byはexpressを使っているという情報が入っているので削除します。削除する理由は、攻撃を仕掛けようとしている人に少しでも情報を与えないためです。残したままにしていると、フレームワークの脆弱性が発覚したときに攻撃の対象となってしまうかもしれません。他の3つはXSS対策です。

```
const customDefaultHeaderMiddleware = (req, res, next) => {
  res.removeHeader('x-powered-by');
  res.header('x-xss-protection', '1; mode=block');
  res.header('x-frame-options', 'DENY');
  res.header('x-content-type-options', 'nosniff');
  next();
};

module.exports = {
  customDefaultHeaderMiddleware,
};
```

　ここでは紹介のために自分でミドルウェアを作成していますが、プロダクトではhelmet（https://www.npmjs.com/package/helmet）を使うとより手軽に設定できます。

　/app/middlewares/index.jsは、ミドルウェアを束ねてexportしています。こうすると、使いたいところでまとめて取り込めるので便利です。

```
const { corsMiddleware } = require('./cors-middleware');
const {
  customDefaultHeaderMiddleware,
} = require('./custom-default-header-middleware');

module.exports = {
```

```
  corsMiddleware,
  customDefaultHeaderMiddleware,
};
```

/app/core.jsはサーバーのメインとなるコードを書いています。ミドルウェアやルーターの設定を行っています。

```
const express = require('express');
const {
  corsMiddleware,
  customDefaultHeaderMiddleware,
} = require('./middlewares');
const router = require('./routes');

const app = express();

app.use(express.json());
app.use(customDefaultHeaderMiddleware);
app.use(corsMiddleware);
app.use(router);

module.exports = app;
```

/app/index.jsは、外から参照しやすいようにエクスポートをまとめます。

```
module.exports.app = require('./app');
```

/bin/index.jsは、ローカルでExpressのサーバーを起動するためのコードを書いています。ホストとポート番号は、環境変数から受け取れるようになっています。

```
const { app } = require('./../app');

const host = process.env.HOST || 'localhost';
const port = process.env.PORT || 3000;

app.listen(port, host);
console.log(`Server listening on http://${host}:${port}`);
```

そして/package.jsonに次のようにscriptsを追加します。周りの項目は省略しています。

```
{
  "scripts": {
    "start": "node bin/index.js"
  }
}
```

この状態で次のコマンドを実行すると、サーバーが立ち上がるはずです。

```
$ yarn start
```

立ち上がるとServer listening on http://localhost:3000というコメントが表示されます。ポートやホスト名を変えているときは、それぞれ読み替えてください。ブラウザーでhttp://localhost:3000にアクセスしてみましょう。{"message":"ok"}と表示されると思います。これで、プッシュ通知を送るためのサーバーの雛形できました。

【補足】ホストやポート番号を変更する
　Node.jsのprocess.envには環境変数が格納されています。環境変数はその名の通り環境によって変えたい値を外から与えたいときに使います。今であればポート番号などを変更するのに使っています。これは次のようにコマンドの前に定義することで、process.env.PORTに3001が入るようになります。

```
$ PORT=3001 yarn start
```

　※Windowsの場合は、このようにしても環境変数が設定されないかもしれません（普段Windowsを使っていないので把握できてません）。その場合はcross-env（https://www.npmjs.com/package/cross-env）というライブラリーが存在するので、このライブラリーを使うと設定できます。

```
$ yarn add -D cross-env
```

　cross-envをインストールしたら、package.jsonのscriptsを次のように書き換えてください。環境変数を設定できます。※該当箇所以外は省略しています。

```
{
  "sctips": {
    "start": "cross-env PORT=3001 node bin/index.js",
  }
}
```

クライアントからサーバーにリクエストを送ってみる

　クライアントからHTTPリクエストをサーバーに送れるか、試してみましょう。ターミナルをふたつ用意して、一方はクライアント、もう一方はサーバーを起動させます。クライアントはyarn serve、サーバーはyarn startで起動します。

　起動したら、クライアントの/src/views/Home.vueのscriptブロックに次のmountedのライフサイクルメソッドを追記します。

```
// 省略
export default {
  // 省略

  // ↓ここを追加
  async mounted() {
    const response = await this.$_axios.get("http://localhost:3000/");
    console.log(response);
  }
}
```

　これで、Chrome Developer Toolsのコンソールにレスポンスが表示されていれば通信できています。

axiosにデフォルトのURLを設定する

　リクエストを送るときに、毎回サーバーのオリジンを書いていては手間です。axiosにはデフォルトのURLを設定する機能があります。

　/src/axios.jsのプラグインインストールしている箇所を次のように変更します。

```
// 省略

Vue.use(Axios, {
  baseURL: "http://localhost:3000"
});
```

　Vue.use関数の第二引数を使うとプラグインにオプションを与えることができます。プラグインのinstall関数の第二引数にそのまま渡されます。

　今回作ったaxiosのラッパープラグインは、このオプションにaxiosの設定を渡せるようになっています。そこにaxiosのbaseURLプロパティーというデフォルトのURLを設定できるオプションを書いたObjectを渡しています。

　これでHTTPリクエストを送っていた箇所を次のように書くことができます。

```
async mounted() {
  const response = await this.$_axios.get("/");
  console.log(response);
}
```

APIサーバーがひとつだけの場合はこうしておくと全体的にシンプルにできるので、axiosを使う場合はbaseURLオプションを使うことをオススメします。

APIサーバーのURLを環境変数にする1

さらにクライアントのbaseURLを環境変数で与えられるようにしましょう。環境変数で与えられればステージング環境や開発環境によってAPIサーバーのURLが変えられるようになるためとても便利です。

次のように/src/axios.jsを書き変えるとVue CLIがいい感じに環境変数を置き換えてくれます。

```
// 省略
Vue.use(Axios, {
  baseURL: process.env.VUE_APP_API_URL || "http://localhost:3000"
});
```

こう書いているときに次のコマンドで開発サーバーを立ち上げたり、ビルドをするとprocess.env.VUE_APP_API_URLのところが値に置き換わります。

※実際にhttps://example.comは存在しないのでリクエストは失敗します。

```
$ VUE_APP_API_URL=https://example.com yarn serve
```

これはVue CLIが`VUE_APP_`プレフィックスの付いた環境変数を置き換えてくれる機能を持っているためです。ただし、これはあくまでVue CLIを使っているときに限ります。読者の中にはVue CLIを使っていないプロジェクトを担当している方もいらっしゃると思います。そういった読者にむけてwebpackのプラグインを使った設定方法を紹介します。

APIサーバーのURLを環境変数にする2

今度はwebpackのプラグインを使って環境変数を設定する方法を紹介します。3章でWorkboxの設定をしたとき同様に、package.jsonと同じ階層にwebpack.config.jsとvue.config.jsを作成します。

webpack.config.jsを次のように書きます。JSON.stringify関数を使っているのが気持ち悪いかもしれませんが、これはこういうものみたいです。

```
const webpack = require("webpack");

module.exports = {
  plugins: [
    new webpack.DefinePlugin({
      "process.env": {
        API_URL: JSON.stringify(process.env.API_URL)
      }
    })
  ]
};
```

そしてvue.config.jsを次のよう書きます。

```
const configureWebpack = require("./webpack.config");

module.exports = {
  configureWebpack
};
```

これで環境変数API_URLと書いた箇所が置き換えられるようになりました。/src/axios.jsを次のようにします。

```
// 省略

Vue.use(Axios, {
  baseURL: process.env.API_URL || "http://localhost:3000"
});
```

これで今まで同様に次のコマンドを実行するとprocess.env.API_URLが置き換わります。

```
$ API_URL=htpps://expamle.com yarn serve
```

　クライアントにおける環境変数の設定方法を紹介しました。Vue CLIを使っていればVUE_APP_プレフィックスを付けて定義するのが簡単だと思います。また、webpackを使ってビルドしている環境であればwebpack.DefinePluginを使うことで環境変数を扱えます。残念ながらwebpackなどのビルドツールが存在しない環境では環境変数を定義するのは難しいかもしれません。

4.2 プッシュ通知を行うための下準備

今まででローカルの開発環境を整えてきました。ここでようやくプッシュ通知を行うための準備に入れます。

プッシュ通知を行うためにはFirebaseにプロジェクトを作成する必要があります。改めてFirebaseのプロジェクトをFirebaseのコンソールで作りましょう。作るのがめんどうという方は3章で作ったプロジェクトをそのまま使っても問題ありません。

※プッシュ通知も無料で使えるのでご安心ください。

3章と同様にFirebaseのプロジェクトDを文中で使うときは<firebase-project-id>と記述します。またFirebaseのこちらのドキュメントをベースに進めていきます。必要であればご参照ください。

https://firebase.google.com/docs/cloud-messaging/js/client?hl=ja

プッシュ通知を送るための鍵を生成する

最初に鍵を生成します。鍵を生成するには左上の歯車をクリックします。クリックするとバルーンメニューが表示されるので、その中の「プロジェクトの設定」をクリックします。

図 4.2:

Firebaseのコンソール

設定画面が開いたら上の方にある「クラウドメッセージング」タブを開きます。タブを開いたら

下の方にある「ウェブ設定」までスクロールします。そこに「ウェブプッシュ証明書」があり、右下にある「鍵ペアを作成」ボタンをクリックします。これで鍵が生成されました。ここでは以上です。

Web App Manifestの設定

プッシュ通知を送るにはWeb App Manifestが必要になります。3章で作ったプロジェクトの/public/iconsディレクトリーを同じところにコピーします。また、/public/index.htmlのiconsに関するmetaタグやlinkタグをコピーして貼り付けます。/public/icons/site.webmanifestのnameなどは変えても問題ありません。

/public/icons/site.webmanifestに次のようにgcm_sender_idという項目を追加します。

※103953800507は変更してはいけません。不安な方はFirebaseのドキュメントからコピーしましょう。

※他の項目は省略しています。

```
{
    "gcm_sender_id": "103953800507"
}
```

プッシュ通知を送るための下準備は以上です。

4.3 プッシュ通知サーバーの実装解説

まずはサーバーから実装します。エンドポイントはhttp://localhost:3000/notifyで作ります。

Firebase adminのインストールとサービスアカウント

プッシュ通知を送るためにfirebase-adminというライブラリーを使います。これはFirebaseが公式に提供しているライブラリーです。次のコマンドでインストールします。

```
$ yarn add firebase-admin
```

次にFirebaseのコンソールでFirebaseサービスアカウントのキーを作成します。前述したプッシュ通知の鍵を取得した設定画面に行き、次は「サービスアカウント」タブを開きます。開くと「Firebase Admin SDK」という項目が開かれていると思います。下の方に「新しい秘密鍵の生成」というボタンがあるのでクリックします。クリックするとモーダルが開き、いくつかの注意事項が書かれていると思います。ここに書かれているとおり、これから表示される秘密鍵は自分だけが知っておく必要があります。この鍵が外部に漏れてしまうと悪用される可能性があるので細心の注意を払いましょう。もし間違って公開してしまったらリポジトリーの削除やキーの再生成を行ってくだ

さい（再生成したらアプリケーションで扱っているキーをの更新を忘れないようにしましょう）。

「キーを生成」ボタンを押すとダウンロードが始まります。ダウンロードしたファイルをサーバーのプロジェクトのpacakage.jsonと同じ階層に配置しましょう。配置したらファイル名を`firebase-access-key.json`に変更します。そして間違ってコミットしてしまわないように.gitignoreに`firebase-access-key.json`を追加しましょう。

【補足】サービスアカウントのキーをリポジトリーに載せるには？
CI/CDを構築しているとどうしてもキーのような秘匿性の高いものでもリポジトリーに入れておく必要があります（またはアプリケーション起動時に他の保管場所から取得するという方法もあります）。そのような場合は暗号化することで中身を見られないようにします。

本書のサンプルコードはCircle CIで管理していて、Circle CIからAWSにデプロイしています。当然キーも一緒にデプロイする必要があるので暗号化して配置しています。暗号化にはAWSのKMSを使いました。KMSを使うことで暗号化に必要な鍵の生成と保管をAWSに一任できるのでとても便利です。KMSについては次の記事が参考になりますので、ご興味のある方はそちらをご参照ください。

KMSで認証情報を暗号化しLambda実行時に復号化する｜クラスメソッドブログ
https://dev.classmethod.jp/cloud/decrypt-sensitive-data-with-kms-on-lambda-invocation/

ただし、キーの管理にはプロジェクトごとにそれぞれ決まりがあるかもしれないので、実際のプロジェクトで使う際はセキュリティー周りの責任者などに確認するようにしましょう。

プッシュ通知を送るための実装

もろもろ準備が整ったので実際にプッシュ通知を送るための処理を解説します。設計方針としてMVCっぽい感じでrouterからcontrollerを呼びcontrollerからさまざまな処理の呼び出しなどを行います。ただし、Modelとなるような特定のデータを扱わないので代わりにServiceを用意します。Serviceは特定の処理を行う役割をもたせます。今回であればプッシュ通知を送る処理などです。

エンドポイントの作成

まずはエンドポイントとなる/app/routes/notify-router.jsを作ります。プッシュ通知を送るときにはトークンなどをクライアントから送ってもらう必要があるのでPOSTで定義します。まだ処理が作られていないので、いったん`res.json({ message: 'ok' });`と書いておきましょう。

```
const express = require('express');
const router = express.Router();

router.post('/', (req, res) => {
  res.json({ message: 'ok' });
});
```

```
module.exports = router;
```

次に/app/routes/index.jsをルーターのまとめ役とするために次のようにします。ついでに*でエンドポイントが存在しないときの404レスポンスを定義しておきましょう。

```
const express = require('express');
const router = express.Router();
const notifyRouter = require('./notify-router');

router.use('/notify', notifyRouter);

router.get('*', (req, res) => {
  res.status(404);
  res.json({ message: 'Not Found', path: req.path, method: req.method });
});

module.exports = router;
```

firebase-adminの初期化

firebase-adminはサービスアカウントのキーを使って初期化します。この初期化は1度だけ行えればよいので、firebaseのファイルを作り、そこで初期化までしてしまいます。/app/services/firebase.jsを作り、次のようにします。

```
const firebaseAdmin = require('firebase-admin');
const serviceAccount = require('./../../firebase-access-key.json');

firebaseAdmin.initializeApp({
  credential: firebaseAdmin.credential.cert(serviceAccount),
});

module.exports = {
  firebaseAdmin,
};
```

これでfirebase-admin自体の初期化は完了しました。firebaseAdmin.initializeApp関数にcredentialオプションを渡します。credentialはfirebaseAdmin.credential.cert関数にサービスアカウントのキーを渡すことで生成されます。今回は以上で完了ですが、Cloud Firestoreを使う場合などはさらに追加でオプションの指定が必要になります。

【補足】KMSで暗号化していた場合の初期化

KMSを使う場合は復号化するための非同期処理が間に挟まります。そのため同期的にrequireするだけではサービスアカウントのキーを設定できません。そこで初期化を行うためのミドルウェアを用意して、Firebaseを使うリクエストが来たときに初期化を行うようにすると非同期処理が間に挟まっても初期化できます。

また、CI上で復号化の処理を行いデプロイ用のパッケージに含める方法も考えられます。このいずれかのコードは本書を書く前に書いたサーバーのコード (https://github.com/mya-ake/try-pwa-apis/tree/master/packages/push-manager) にいずれ反映します。対応したらissue (https://github.com/mya-ake/try-pwa-apis/issues) を閉じ、Twitterにハッシュタグ付きで告知します。

※おまけに近いところなので更新されない可能性もあります。

プッシュ通知を送る処理

サーバーのメインとなる処理、プッシュ通知を送る処理についてです。これもServiceとして実装します。/app/services/firebase-messaging.jsを作り次のようにします。ちょっと長いのでコード中にコメントで解説しています。ちなみにフォアグラウンドは、そのサイトを見ているとき。バックグラウンドはサイトを見ていないときや閉じているときを指します

```
// 初期化が完了したfirebaseAdminを取り込む
const { firebaseAdmin } = require('./firebase');

// プッシュ通知を送るためのmessagingのインスタンス生成
const messaging = firebaseAdmin.messaging();

// プッシュ通知を送る処理
const notify = ({ title, body, token }) => {
  return messaging
    .send({
      // バックグラウンドで受け取ったときの内容
      webpush: {
        notification: { // この内容はフォアグラウンドで受け取ったときでも渡される
          title,
          body,
          click_action: 'http://localhost:8080/', // 通知をクリックしたときの遷移先
        },
      },
      // フォアグラウンドで受け取ったときの内容
      data: { title, body },
      token,
    })
```

```
    .then(response => {
      // 処理結果を整形して返す
      return {
        isError: false, // 失敗したかどうかを簡単に判断するためのフラグ
        response,
      };
    })
    .catch(error => {
      return {
        isError: true,
        response: error.errorInfo,
      };
    });
};

module.exports = {
  notify,
};
```

　messaging.send関数を使うことで、クライアントにプッシュ通知を送れます。引数に渡す内容によって、クライアントでの動作を変えられます。webpushプロパティーはWeb向けの設定です。click_actionを設定することで、通知をタップしたときにそのページを開くことができます。コード中のhttp://localhost:8080/はご自身の環境に合わせてポート番号などを変えても問題ありません。

　ドキュメント（https://firebase.google.com/docs/cloud-messaging/js/receive?hl=ja）には、webpushプロパティーでラップせずに、notificationプロパティーだけで送れる雰囲気がありますが実際はエラーとなりました。firebase-adminのコードを読むとwebpushプロパティーが存在することがわかったのでこのようにしました。多分合ってると思うのですが、もし間違っていたらご連絡ください。

コントローラーの作成

　メインの処理ができたので、その処理を呼び出すコントローラーを作成します。/app/controllers/notify-controller.jsを作り、次のようにします。バリデーションなどは別途定義することも考えたのですが、まだ規模が小さいのですべてコントローラー内に記述しています。コードが長く単調なのためコメントで解説しています。

```
const firebaseMessaging = require('./../services/firebase-messaging');

// リクエストのバリデーション
```

```javascript
const notifyValidator = params => {
  // トークンがないとプッシュ通知が送れないのでチェック
  if ('token' in params === false) {
    return {
      status: 400,
      message: 'Required `token` property',
    };
  }
  return null;
};

// /notifyのコントローラー
const notify = async (req, res) => {
  const params = req.body || {};
  // リクエストのロギング（ほんとはミドルウェアで一括してやるべき）
  console.log('[info]', 'Request params', req.originalUrl, params);

  // リクエストのバリデーション
  const validateResult = notifyValidator(params);
  if (validateResult !== null) {
    const { status, message } = validateResult;
    res.status(status);
    res.json({ message });
    return;
  }

  const { token } = params;
  // firebase-messaging serviceを使ってプッシュ通知
  const result = await firebaseMessaging.notify({
    title: 'Try PWA', // 通知のタイトル
    body: 'web push notifications test', // 通知のメッセージ
    token,
  });
  // 通知リクエストのロギング
  console.log('[info]', 'Notify result', result);

  if (result.isError) {
    const { message } = result.response;
    res.status(400);
    res.json({ message });
    return;
```

```
  }
  res.json({ message: 'ok' });
};

module.exports = {
  notify,
};
```

ルーターの更新

/notifyへのリクエストを処理するコントローラーまで作成したので、最初に作ったnotify-routerを更新します。/app/routes/notify-router.jsを次のように更新します。

```
const express = require('express');
const router = express.Router();

const notifyController = require('./../controllers/notify-controller'); // 追加

router.post('/', notifyController.notify);   // 更新

module.exports = router;
```

以上でサーバーの実装は完了です。試したいところですが、プッシュ通知を送るためのトークンを取得しないことには試せないので、クライアントを実装するまでお待ちください。

4.4 クライアントの実装解説

クライアントを実装すればプッシュ通知が試せます。もう少しですのでさくっと解説します。

設計方針はVuexなどは使わずに主にプラグインを作ります。axiosに続きふたつのプラグインを作成し、そのプラグインをSFCで扱います。ふたつ作るプラグインのひとつは「Firebase」に関するもの、もうひとつは「IndexedDB」に関するものです。

IndexedDBのプラグイン作成

プッシュ通知を送るためのトークンを生成したときに、ローカルに保存しておきたいのでIndexedDBを使いローカルに保存させます。その処理を作るために「localforage」というライブラリーを使い、IndexedDBを操作できるプラグインを作ります。localforageはLocalStorageのようなAPIを提供しているIndexedDBのラッパーライブラリーです。また、IndexedDBが使えない環境ではLocalStorageに切り替えて処理してくれる機能も持っています。この切り替え処理はなにもしなくても実施されます。

まずはlocalforageをインストールします。

```
$ yarn add localforage
```

localforage使い方は実際に見てもらう方が早いので早速コードを解説していきます。
/src/plugins/storageディレクトリーを作り、その中に次のふたつのファイルを作ります。
・/src/plugins/storage/index.js
・/src/plugins/storage/Storage.js

index.jsはプラグインのインストーラーとなる役割、Storage.jsはlocalforageをラップするためのクラスです。Storageクラスから見ていきます。

StorageクラスはlocalforageのAPIをラップし、名前を変えて使えるようにしています。localforageの取得、保存、削除のAPIはLocalStorageのAPIと同じです。これらのAPIをload、save、deleteにリネームして使います。リネームしている理由は、getItemやsetItemよりも永続化目的のストレージを扱っているというのを意識するためです。

現状、この3種類しか使わないので今回はこれだけ定義していますが、keyの列挙や一括削除の機能などもあります。必要であればドキュメント（https://localforage.github.io/localForage/）を参照してみてください。

また、Storageクラスのコンストラクタにはdbという形でlocalforageのインスタンスを渡すことになります。このファイルの中でlocalforageをインポートしても良かったのですが、外部から受け取ることでこのStorageクラスのテストが書きやすくなります。dbにモックを渡すことで実際に目的の処理が呼ばれている、かつ引数にがしっかり渡されていることなどをテストしやすくなります。

```
export class Storage {
  constructor({ db } = {}) {
    this._db = db;
  }

  save(key, value) {
    return this._db.setItem(key, value);
  }

  load(key) {
    return this._db.getItem(key);
  }

  delete(key) {
    return this._db.removeItem(key);
  }
}
```

次にインストーラーとなるindex.jsです。インストール処理が走ったときに、localforageのインスタンスを生成し、そのインスタンスを$_storageからアクセスできるようにしています。

```js
import localForage from "localforage";
import { Storage } from "./Storage";

const install = (Vue, { name = "app-storage" } = {}) => {
  const db = localForage.createInstance({
    name
  });

  const storage = new Storage({ db });
  Object.defineProperty(Vue.prototype, "$_storage", {
    get() {
      return storage;
    }
  });
};

export default {
  install
};
```

これでSFCからthis.$_storage.save('some-key', 'some-value')という形でIndexedDBに保存ができるようになりました。

注意点としてはIndexedDBを扱う処理は非同期処理になります。それぞれの処理を行うとPromiseが返ってくるので、適切に処理しましょう。

プラグインを作ったので、Vueにインストールする処理も追加します。/src/storage.jsを作成し、次のようにします。オプションにデータベースの名前を渡すことで、任意の名前が付けられるようにしているので、シンプルにappと付けています。

```js
import Vue from "vue";
import Storage from "./plugins/storage";

Vue.use(Storage, {
  name: "app" //データベースの名前を渡す
});
```

あとは/src/main.jsでimportするだけです。

Firebaseのプラグイン作成

次にFirebaseのプラグインを作っていきます。プッシュ通知専用のプラグインとすることも考えたのですが、他のサービスを使うときに初期化の処理が分散していると扱いづらいため、Firebaseの処理はこのプラグインにまとめて書くという方針を取ります。

Firebaseをプロジェクトに取り込む方法はいくつかありますが、今回はnpmモジュールを使います。次のコマンドでインストールします。

```
$ yarn add firebase
```

インストールが完了したら/src/plugins/firebaseディレクトリーを作り、その中に次の3つのファイルを作ります。
- /src/plugins/firebase/index.js
- /src/plugins/firebase/core/FirebaseApp.js
- /src/plugins/firebase/services/WebPush.js

coreディレクトリーはFirebaseを扱うための核となるコードを書く場所です。FirebaseApp.jsはFirebaseの初期化処理とインスタンスの保持、messagingのインスタンスを生成するためのコードが入っています。

servicesディレクトリーはサーバーのときと同様に特定の処理に特化させたコードを書く場所です。今回はWeb Pushを行うために、messagingインスタンスをラップさせて、アプリケーション上で扱いやすくしています。

index.jsはインストーラーであり、初期処理などを行う役割です。

coreディレクトリーの処理から見ていきましょう。

/firebase/core/FirebaseApp.jsのコードは次のようになります。firebaseのインスタンスを保持させておきたいので、クラスとして作成します。FirebaseAppクラスのインスタンスにはFirebaseのクライアント用のAPIキーなどが入ります。このAPIキーなどは後ほど解説します。

```javascript
import firebase from "firebase/app";
import "firebase/messaging";

export class FirebaseApp {
  constructor(config) {
    this._app = firebase.initializeApp(config);
  }

  get app() {
    return this._app;
  }
```

```
  createMessaging() {
    // Web Pushが利用できない環境ではエラーとなるので、
    // try-catchで囲み、利用できない環境ではnullを返す
    try {
      return this.app.messaging();
    } catch (err) {
      return null;
    }
  }
}
```

次にWebPushクラスです。このクラスの全体は長くなるので、適宜追加で解説します。ここではコンストラクタのみ解説します。コンストラクタには、firebase messagingのインスタンスとpublicKeyを渡します。firebase messigingのインスタンスはpublicKeyを渡すことで扱えるようになります。publicKeyに関しては後述します。

```
export class WebPush {
  constructor({ firebaseMessaging, publicKey }) {
    // 存在しない環境かどうかをview 側で判断するために_usableプロパティーとして保持させる
    this._usable = firebaseMessaging !== null;
    this._messaging = firebaseMessaging;

    if (this.usable === false) {
      return this;
    }
    this._messaging.usePublicVapidKey(publicKey);
    return this;
  }

  // 上書きできないようにgetterを使い外部参照用にusableプロパティーを追加
  get usable() {
    return this._usable;
  }
}
```

`/firebase/index.js`のコードは次のようになります。インストーラーのオプションのappConfig, messagingConfigはそれぞれクライアント用のAPIキーなどです。やっていることとしては、Firebaseの初期化を行い、messagingのインスタンスを生成します。そこからWebPushのインスタンスを作り、$_webPushでアクセスできるようにしています。今までのプラグインと違いがあるとすれば、`Vue.$_webPush = webPush;`のところでしょうか。これは、アプリケーションの初期化時にWebPush

のインスタンスを操作するためです。

```
import { FirebaseApp } from "./core/FirebaseApp";
import { WebPush } from "./services/WebPush";

const install = (Vue, { appConfig, messagingConfig } = {}) => {
  const firebaseApp = new FirebaseApp(appConfig);
  const firebaseMessaging = firebaseApp.createMessaging();

  const webPush = new WebPush({
    firebaseMessaging,
    publicKey: messagingConfig.publicKey
  });

  Vue.$_webPush = webPush;
  Object.defineProperty(Vue.prototype, "$_webPush", {
    get() {
      return webPush;
    }
  });
};

export default {
  install
};
```

プラグインを作ったので、Vueにインストールする処理も追加します。/src/firebase.jsを作成し、次のようにします。

```
import Vue from "vue";
import Firebase from "./plugins/firebase";

import { appConfig, messagingConfig } from "./configs/firebase-config";

Vue.use(Firebase, {
  appConfig,
  messagingConfig
});
```

あとは/src/main.jsでimportすることで扱えるようになります。
./configs/firebase-configはさきほどから何度か出てきている、クライアント用のAPIキーな

どの情報が格納されているファイルです。次はこの情報を取得する方法を紹介します。

　念の為、現状の/src/main.jsを記載しておきます。

```
import Vue from "vue";
import App from "./App.vue";
import router from "./router";

import "./axios";
import "./firebase";
import "./storage";

Vue.config.productionTip = false;

new Vue({
  router,
  render: h => h(App)
}).$mount("#app");
```

クライアント用のAPIキーなどの取得

　APIキーの取得とあるので、再びFirebaseのコンソールにいきます。ここではFirebaseのクライアントのキーと、プッシュ通知を送るためのキーのふたつを取得します。

クライアントのキー

　クライアントのキーはコンソールのトップから取得できます。下のスクリーンショットの</>ボタンを押すとモーダルが開き、その中にあります。

図 4.3:

Firebase のクライアントキーの取得先

モーダルの中には HTML にコピーして貼り付けるように記載されていますが、無視します。

/src/configs/firebase-config.js を作成し、次のように今回の実装に必要な項目の値だけをコピーし、貼り付けます。<api-key>など<>で囲まれている文字列は、モーダルに書かれている文字列に置き換えてください（<>も不要です）。

```
export const appConfig = {
  apiKey: "<apiKey>",
  projectId: "<projectId>",
  messagingSenderId: "<messagingSenderId>"
};
```

ちなみにこの API キーなどは公開しても問題ありません。GitHub などの公開リポジトリーに上げてしまって大丈夫です（最終的にクライアントのコードに載るので隠せないです）。

GitHub に上げていた場合はもしかすると GitGuardian というサービス（API キーなどが上がってないか見て回っているサービス）からメールが来るかもしれません。筆者も本書を書いているときに届きました。メールには該当コミットのリンクも書かれているので、一応チェックしてこのファイルのことを指しているようであれば問題ありません。

プッシュ通知を送るためのキー

このキーは再び歯車から設定画面に行き、「クラウドメッセージング」のタブを開きます。一番下のウェブ設定のところで、鍵ペアを生成していると思います。この鍵をようやく使います。

鍵ペアに書かれている文字列をコピーして、/src/configs/firebase-config.jsに次の<publicKey>の箇所を置き換えてください。

```javascript
export const appConfig = {
  apiKey: "<apiKey>",
  projectId: "<projectId>",
  messagingSenderId: "<messagingSenderId>"
};

// 追記
export const messagingConfig = {
  publicKey: "<publicKey>"
};
```

以上でクライアントに必要なキーの取得が完了しました。

プッシュ通知を受け取るためのService Wokerの作成

ここでService Workerを作成します。firebase messagingのリクエスト取得のメソッドなどを呼び出したときにこのService Wokerのインストール処理が走るためです。このエラーが出ると先に進めないので、先回りして作成します。

このService Workerに関しては次のFirebaseのドキュメントに載っています。

https://firebase.google.com/docs/cloud-messaging/js/receive?hl=ja#setting_notification_options_in_the_service_worker

基本コピペとなりますが、現時点で必要な処理だけを書いておきます。

/public/firebase-messaging-sw.jsを作成し、コードを次のようにします。

```javascript
importScripts("https://www.gstatic.com/firebasejs/5.8.5/firebase-app.js");
importScripts("https://www.gstatic.com/firebasejs/5.8.5/firebase-messaging.js");

firebase.initializeApp({
  // /src/configs/firebase-config.jsのmessagingSenderIdと同じ値を入れる
  messagingSenderId: "<messagingSenderId>"
});
```

注意点としてはファイル名はfirebase-messaging-sw.jsとしておかないと自動でインストール処理が走らない点です。そしてファイル名の変更はできないようです。

　また、importScripts関数の5.8.5と書かれている箇所は、firebaseのnpmモジュールと合わせておくことをオススメします。package.jsonのdependenciesに書かれているfirebaseのバージョンにしておきましょう。実際問題が起きる可能性は低いかもしれませんが、バージョンを合わせておくに越したことはありません。

　ちなみにimportScripts関数はWeb Wokersにおける外部ファイル読み込みをするための関数です。

Home.vueをWeb Push仕様にする

　ようやく動きのある処理に入ってきました。ここからはyarn serveでクライアントの開発サーバーを立ち上げたままの方が開発がしやすいかもしれません。

　Home.vueを主に開発していきます。まずは次のように/src/views/Home.vueをすっきりさせます。

```
<template>
  <div class="home">
    <h1>Try Web Push</h1>
  </div>
</template>

<script>
export default {
  name: "home",
};
</script>
```

　そして、Web Pushが使えるかどうかをわかるようにviewを作っていきます。

このブラウザーはWeb Pushできるのかというステータス表示

　Home.vueを次のように書き換えます。なにをしているかというとWeb Pushのプラグインの$_webPush.usableにアクセスして、使っているブラウザーがWeb Pushできるのかというのを見た目でわかるようにします。

　webPushUsableはBooleanの値が入っているので、見た目を良くするためにfilterを利用しています。このフィルターを通すことで◯、×とわかりやすく表示されるようになります。

　ちなみに英語で書いているのはVue CLIが作成したプロジェクトに入っているデフォルトのスタイルでいい感じの見た目になるからです。

```
<template>
  <div class="home">
    <h1>Try Web Push</h1>

    <section>
      <h2>Env Information</h2>

      <p>
        <span>Web Push：</span>
        <span>{{ webPushUsable | usable }}</span>
      </p>
    </section>
  </div>
</template>

<script>
export default {
  name: "Home",

  filters: {
    usable: flg => (flg === true ? "☒" : "☒")
  },

  computed: {
    webPushUsable: vm => vm.$_webPush.usable,
  },
}
</script>
```

　ちなみにcomputedで定義した関数の第1引数にはthisと同じものが渡されるので、それを使いアロー関数で記述しています。こうすることで縦に伸びがちなSFCのファイルの行数を節約できます。

プッシュ通知のパーミッションリクエスト

　使えるかどうかが見た目でわかるようになったので、次はプッシュ通知を送っていいかユーザーに尋ねるコードを書きます。そもそもな問題となるのですが、プッシュ通知の機能はユーザーに許可を求める必要があります。そして許可されないとプッシュ通知を送ることができません。しかもこの許可は一度拒否されると再び許可にするには少しブラウザーについて知っている必要があります（方法は後述）。一般のユーザーはほぼ知らないと思うので、ユーザーに許可を求めるということをしっかり確認しましょう。間違ってもページを開いてすぐに許可を求めてはいけません。

　今回はボタンを押すことでユーザーに許可を求めるようにします。まずは

/src/plugins/firebase/services/WebPush.jsにパーミッションを求める処理を追記します。ここで、プッシュ通知周りで使うステータスの定数をgetterに定義しておきます。

```js
export class WebPush {
  // 省略

  get SUCCESS() {
    return "success";
  }

  get FAILED() {
    return "failed";
  }

  get APPROVED() {
    return "approved";
  }

  get REJECTED() {
    return "rejected";
  }

  get NOT_SUPPORTED() {
    return "not_supported";
  }

  async requestPermission() {
    if (this.usable === false) {
      return this.NOT_SUPPORTED;
    }
    const result = await this._messaging
      .requestPermission()
      .then(() => true)
      .catch(err => {
        // エラーのときは拒否されているとき
        console.error(err);
        return false;
      });
    return result ? this.APPROVED : this.REJECTED;
  }
}
```

次にHome.vueから追加した関数を呼び出します。

```
<template>
  <div class="home">
    <h1>Try Web Push</h1>

    <section>
      <h2>Env Information</h2>
      <!-- 省略 -->
    </section>

    <section>
      <h2>Actions</h2>

      <div>
        <button
          :disabled="!webPushUsable"
          type="button"
          @click="handleClickUse">Use web push</button>
      </div>

      <p v-if="hasMessage">Message:{{ message }}</p>
    </section>
  </div>
</template>

<script>
export default {
  // 省略
  data() {
    return {
      message: "" // ユーザーに状態を知らせるためのメッセージ
    };
  },
  // 省略
  computed: {
    webPushUsable: vm => vm.$_webPush.usable,
    hasMessage: vm => vm.message.length > 0
  },

  methods: {
```

```
    async handleClickUse() {
      const result = await this.$_webPush.requestPermission();
      if (result === this.$_webPush.REJECTED) {
        this.message =
          "プッシュ通知は拒否されています。サイト情報を表示からステータスをご確認ください。";
        return;
      }
    },
  }
}
</script>
```

　この状態でボタンをクリックしてみましょう。Chromeであれば上部に次のようなダイアログが表示されるはずです。

図 4.4:

通知の許可を求めるダイアログ

　このダイアログはさきほども書きましたが、拒否するとJavaScriptからは再びリクエストすることはできません。また許可しても同様です。この変更はアドレスバーの「サイト情報を表示」（次の矢印の先）から変更できます。

図 4.5:

サイト情報を表示の位置

プッシュ通知を受け取る処理 - フォアグラウンド

　プッシュ通知を受け取る許可が得られたので次は受け取る処理を書いていきます。

/src/plugins/firebase/services/WebPush.jsに受け取るためのハンドラーを追加する関数を追加します。firebase messagingのonMessage関数に関数を渡すことでイベントをハンドリングできます。

```
export class WebPush {
  // 省略
  addPushHandler(handler) {
    if (this.usable === false) {
      return;
    }
    this._messaging.onMessage(handler);
  }
}
```

このハンドラーは/src/firebase.jsに定義します。

```
// 省略
Vue.use(Firebase, {
  appConfig,
  messagingConfig
});

Vue.$_webPush.addPushHandler(payload => {
  console.log("[info]", "Received foreground message", payload);
  const { data } = payload;

  const notificationTitle = data.title;
  const notificationOptions = {
    body: data.body,
    icon: "/icons/android-chrome-192x192.jpg"
  };
  new Notification(notificationTitle, notificationOptions);
});
```

ハンドラーの引数にはpayloadとして、プッシュ通知からdataが渡されます。今回のサーバーに書いたsend関数の場合だと次のようなpayloadが渡されます。

```
{
  data: { title: "Try PWA", body: "web push notifications test" }
  from: "318726869083"
```

```
  notification: { title: "Try PWA", body: "web push notifications test",
click_action: "http://localhost:8080/" }
  priority: "normal"
}
```

ここからtitleやbodyなどを抜き出して、Notification APIに渡します。Notification APIの第1引数にtitleを渡し、第2引数にオプションとして、bodyやiconなどを渡せます。iconはWeb App Manifestで使っているものを再利用しています。

これでフォアグラウンドでプッシュ通知を受け取れるようになりました。

プッシュ通知を受け取る処理 - バックグラウンド

次はバックグラウンドだったときにプッシュ通知を受け取れるようにします。

バックグラウンドのときはService Workerで受け取ることになるので、/public/firebase-messaging-sw.jsに追記します。

```
// 省略

const messaging = firebase.messaging();
messaging.setBackgroundMessageHandler(payload => {
  console.log(
    "[firebase-messaging-sw.js]",
    "Received background message ",
    payload
  );
  const { data } = payload;

  const notificationTitle = data.title;
  const notificationOptions = {
    body: data.body,
    icon: "/icons/android-chrome-192x192.jpg"
  };

  return self.registration.showNotification(
    notificationTitle,
    notificationOptions
  );
});
```

Service Workerの場合はNotification APIの代わりに、self.registration.showNotification関数を使います。引数はNotification APIと同じです。

バックグラウンドではハンドラーに渡されると次のようにpayloadが変わります。notificationが渡ってきません。

```
{
  data: { title: "Try PWA", body: "web push notifications test" }
  from: "318726869083"
  priority: "normal"
}
```

dataはどちらでも渡ってくるので、サーバーから送るときにはdataを含めて、ハンドラー側でもdataを基準に通知内容を作るようにしましょう。

プッシュ通知の送信処理

受け取る処理ができたのでついに送る処理です。
まずは/src/plugins/firebase/services/WebPush.jsにトークンを取得する処理を追加します。

```
export class WebPush {
  // 省略
  getToken() {
    if (this.usable === false) {
      return null;
    }
    return this._messaging.getToken().catch(err => {
      console.error(err);
      return null;
    });
  }
}
```

次にHome.vueにトークンを取得する処理とサーバーに通知をリクエストする処理を記述します。scriptブロックは省略箇所が多いですが、すでに記述してあるコードに追加する形となっています。

```
<template>
  <div class="home">
    <h1>Try Web Push</h1>

    <section>
      <h2>Env Information</h2>

      <p>
```

```
      <span>Web Push：</span>
      <span>{{ webPushUsable | usable }}</span>
    </p>
    <p>
      <span>Has Push Token：</span>
      <span>{{ hasToken | usable }}</span>
    </p>
  </section>

  <section>
    <h2>Actions</h2>

    <div>
      <button
        v-if="!hasToken"
        :disabled="!webPushUsable"
        type="button"
        @click="handleClickUse">Use web push</button>
    </div>

    <div>
      <button
        v-if="hasToken"
        type="button"
        @click="handleClickSend">Send push notification</button>
    </div>

    <p v-if="hasMessage">Message:{{ message }}</p>
  </section>
 </div>
</template>

<script>
export default {
  data() {
    return {
      token: null,
      message: ""
    };
  },
```

```
computed: {
  webPushUsable: vm => vm.$_webPush.usable,
  hasToken: vm => vm.token !== null,
  hasMessage: vm => vm.message.length > 0
},

async mounted() {
  await this.initialize();
},

methods: {
  async initialize() {
    // 以前に保存したトークンがあれば再利用する
    this.token = await this.$_storage.load("push-token");
  },

  async handleClickUse() {
    const result = await this.$_webPush.requestPermission();
    if (result === this.$_webPush.REJECTED) {
      this.message =
        "プッシュ通知は拒否されています。サイト情報を表示からステータスをご確認ください。";
      return;
    }

    await this.getToken();  // 追加

    this.message = "プッシュ通知が設定されました。";  // 追加
  },

  async getToken() {
    const token = await this.$_webPush.getToken();
    this.token = token;
    // 次回開いたときに以前のものを使うためにIndexedDBに保存
    await this.$_storage.save("push-token", token);
  },

  async handleClickSend() {
    const response = await this.$_axios
      .post("/notify", {
        token: this.token // トークンをサーバーに送信
      })
```

```
        .catch(err => err.response);

      if (response.status === 200) {
        this.message = "プッシュ通知を送信しました";
      } else {
        this.message = "プッシュ通知の送信に失敗しました";
        console.error(response);
      }
    },
  }
};
</script>
```

これでプッシュ通知を送る準備が整いました。

ここでいったん通知が送れるか試してみましょう。サーバーを yarn start で起動します。

起動したら、早速「Send push notification」を押してみましょう。問題がなければプッシュ通知が届くはずです。

【補足】バックグラウンド時のプッシュ通知の受信方法

今回の実装だとボタンを押さないとプッシュ通知が来ません。そのため常にフォアグラウンドとなってしまいます。そこで、バックグラウンドを試すときは curl コマンドを使いましょう。次のコマンドの<push-token>のところをクライアントのトークンに置換して実行するとローカルのサーバーにリクエストを送ります。

```
$ curl -sS -w '\n' -H 'Content-Type:application/json' -X POST
'http://localhost:3000/notify' --data '{"token": "<push-token>"}'
```

トークンは getToken 関数を呼んだときなどに console.log 関数でコンソールに出力するか、サーバーのログに出力されているものから取得するのが手っ取り早いです。

プッシュ通知の解除

プッシュ通知を解除するための処理も記述しましょう。これまで通り /src/plugins/firebase/services/WebPush.js から更新します。

```
export class WebPush {
  // 省略
  deleteToken(token) {
    if (this.usable === false) {
      return this.FAILED;
```

```
      }
      return this._messaging
        .deleteToken(token)
        .then(result => {
          return result === true ? this.SUCCESS : this.FAILED;
        })
        .catch(err => {
          console.error(err);
          return this.FAILED;
        });
    }
}
```

そしてこの関数をSFCの方から呼び出します。

```
<template>
  <div class="home">
    <!-- 省略 -->
    <section>
      <h2>Actions</h2>

      <div class="row">
        <button
          v-if="!hasToken"
          :disabled="!webPushUsable"
          type="button"
          @click="handleClickUse">Use web push</button>
      </div>

      <div class="row">
        <button
          v-if="hasToken"
          type="button"
          @click="handleClickSend">Send push notification</button>
      </div>

      <div>
        <button
          v-if="hasToken"
          type="button"
          @click="handleClickStop">Stop using web push</button>
```

```
      </div>

      <p v-if="hasMessage">Message:{{ message }}</p>
    </section>
  </div>
</template>

<script>
export default {
  // 省略
  methods: {
    // 省略
    async handleClickStop() {
      const result = await this.$_webPush.deleteToken(this.token);
      if (result === this.$_webPush.FAILED) {
        this.message = "プッシュ通知の解除に失敗しました";
        return;
      }

      await this.clearToken();

      this.message = "プッシュ通知を解除しました";
    },

    async clearToken() {
      // プロパティーをnullに
      this.token = null;
      // IndexedDBからも削除
      await this.$_storage.delete("push-token");
    }
  }
};
</script>

<style lang="postcss" scoped>
.row {
  margin-bottom: 16px;
}
</style>
```

　以上がクライアント側の実装です。これでローカルでのプッシュ通知の実装が完了しました。次

はサーバーをAWS Lambdaにデプロイして、プッシュ通知が送れるようにします。

AWS Lambdaへのデプロイ

ここからはAWSのアカウントが必要です。そして利用料がかかるかもしれません（これを試す分であれば無料枠に収まると思いますが保証はできません）。持っていなくても雰囲気だけ見たいという方は読み進めていただいても大丈夫ですし、飛ばしても大丈夫です。

AWS Lambdaはサーバーレスと言われる分野で使われている代表的なサービスです。使った分だけ課金されるAWSのコンピューティングサービスのひとつです。FaaS (Function as a Service) とも呼ばれたりします。AWS Lambdaはイベント駆動で動きます。このイベントにはさまざまなものが設定できます。今回はAPI Gatewayというサービスと併用し、HTTPリクエストをトリガーとしてLambdaを起動させます。コードをアップするだけで稼働し、スケーリングも自動で行われるので、サーバーの管理を煩わしく思うような人にオススメです。

このような特性を持つLambdaを今回はプッシュ通知のサーバーとして利用できないか考え、稼働することを目指します。またデプロイにはServerless Frameworkというツールを使います。このツールを使うことによりコードベースでAWSの構成が管理できるので、環境の再現やスクラップ＆ビルドがとてもやりやすくなります。ちなみにServerless FrameworkはAWSだけでなくMicrosoft AzureやGoogle Cloud Platformなどのクラウドサービスでも使えます。

参考：https://serverless.com/framework/docs/

Serverless Frameworkの設定

まずはサーバー側のプロジェクトにServerless Frameworkをインストールします。

```
$ yarn add -D serverless
```

インストールが完了したら、package.jsonのscriptsを次のように書き換えます。

```
"scripts": {
  "start": "node bin/index.js",
  "sls": "sls"
},
```

この状態で次のコマンドを実行してください。無事にバージョン番号が出力されればOKです。

```
$ yarn sls -v
```

Serverless Frameworkの使い方

最初にServerless Frameworkの使い方から解説します。まず今回使う機能は次の3つです。

- 雛形プロジェクトの生成
- デプロイ
- デプロイ先の環境からプロジェクトを消す

それぞれの詳細については適宜行います。

はじめてServerless Frameworkを使うという方は最初のコマンド実行時にAWSのCredentialsを設定してくれと言われるかもしれません。言われたらおそらく設定手順が示されるはずなので手順にしたがってください。また、Credentialsの設定方法は公式ドキュメント（https://serverless.com/framework/docs/providers/aws/guide/credentials/）に記載されているので合わせてご確認ください。

雛形プロジェクトの生成

雛形プロジェクトを作成できるコマンドから見ていきます。このコマンドを実行すると`handler.js`、`serverless.yml`、`.gitignore`の3つのファイルが作られます。各ファイルの解説はコマンド実行後に行います。この3つのファイルの内、`handler.js`と`serverless.yml`は上書きされませんが、`.gitignore`は上書きされてしまいます。マージはされないので注意が必要です。ここまででプロジェクトのディレクトリー内に`.gitignore`が存在する場合は、上書きされないよう一時的に名前を変えておいてください（`_.gitignore`など）。おそらくFirebaseアクセスキーがプロジェクト内のディレクトリーにいると思います。もし名前を変えずにコマンドを実行し、アクセスキーが公開されてしまうなどのトラブルになりかねません。

注意事項も紹介できたので、次のコマンドで雛形プロジェクトを作成してみてましょう。

```
$ yarn sls create -t aws-nodejs
```

これを実行すると前述した3つのファイルが生成されていると思います。

`.gitignore`はGitのコミット対象から除くことができるファイルです。他のプロジェクトなどでも見かけることは多いでしょう。

`handler.js`はこのプロジェクトの入り口となるファイルです。冒頭にも書きましたがLambdaはイベント駆動で動きます。イベント駆動なのでイベントを受け取るためのハンドラーが必要になってきます。それが`handler.js`の役割です（ファイル名はなんでもよいですが`handler.js`を個人的に使っています）。

中身はこのようになっています（コメントなどは削除してます）。`hello`関数がAsync Functionで`export`されています（関数名はなんでも大丈夫です）。

```
module.exports.hello = async (event, context) => {
  return {
    statusCode: 200,
    body: JSON.stringify({
      message: 'Go Serverless v1.0! Your function executed successfully!',
```

```
      input: event,
    }),
  };
};
```

　hello関数の第1引数にはイベントから送られてくる入力が渡されます。このObjectの中身はイベントごとに異なります。今回使うAPI Gatewayの場合はHTTPリクエストが渡されます。第2引数はLambdaが提供しているコンテキストオブジェクトが渡されますが、ほぼ使うことはありませんので割愛します。返り値は上述のコードの様に「statusCode」「body」というふたつのプロパティーを持ったObjectを返しています。これがLambdaのハンドラーのレスポンスになります。雛形では、messageプロパティーとinputプロパティーを持ったObjectを返しています。inputプロパティーの方には入力となるeventを渡しているのでレスポンスにはこの関数に渡された入力が含まれることになります。

　serverless.ymlはServerless Frameworkの設定ファイルです。YAML（ヤムル）というデータ形式で記述します。
　この設定ファイルに次のような項目を設定します。
・どのクラウドサービスにデプロイするか
・どこのリージョンにデプロイするか
・ランタイムはなにか
　――Node.jsやPython、Goなど
・Lambdaのメモリーは？タイムアウト時間は？
・どのイベントをハンドリングして、どのハンドラーを呼ぶか
・Cloud Formationのコード
　――コードベースでAWSのサービスを展開できるサービス

　実際にファイルを見てもらうとよいですが、コメントアウトでサンプルが多く書かれています。しかし、今回はほとんど使わないのでこのサンプルは消しましょう。そうするとこれだけが残ります。

```
service: aws-nodejs

provider:
  name: aws
  runtime: nodejs8.10

functions:
  hello:
    handler: handler.hello
```

　これを元に一度雛形状態のコードでデプロイしてみましょう。

デプロイ前に設定を少し調整します。次のように書き足しや変更を行います。ついでにコメントで解説も入れてます。

```yaml
service: try-pwa-web-push-server  # このパッケージの名前

provider:
  name: aws                       # 使うクラウドサービス
  runtime: nodejs8.10             # 使うランタイム（すべてのバージョンが存在するわけではないので注意
  region: ap-northeast-1          # 東京リージョンを指定
  profile: my                     # 複数のCredentialsを持っている場合は使うものを指定する

functions:
  hello:
    handler: handler.hello        # ハンドラーの関数を指定、`ファイル名.関数名`を指定する
    timeout: 5                    # Lambdaの実行時間の上限
    memorySize: 128               # Lambdaのメモリー（小さければ安くなるので最小の128 MBを指定
    events:                       # ハンドリングするイベント
      - http:                     # HTTPリクエストをイベントとする（API Gatewauを使う
          path: '/'               # APIのパス
          method: get             # APIのメソッド
```

この設定を記述したら次のコマンドでデプロイしてみましょう。最初のデプロイは少し時間がかかるので待ちます。

```
$ yarn sls deploy
```

デプロイが完了するとターミナルに次のような出力がされれば成功です。

```
Service Information
service: try-pwa-web-push-server
stage: dev
region: ap-northeast-1
stack: try-pwa-web-push-server-dev
api keys:
  None
endpoints:
  GET - https://xxxxxxxxx.execute-api.ap-northeast-1.amazonaws.com/dev/
functions:
  hello: try-pwa-web-push-server-dev-hello
```

endpointsと書かれているヶ所が今作ったAPIのエンドポイントとなります（xxxxxxxxxxは個別に生成された文字列が入ります）。ここにブラウザーでアクセスするか、`curl https://xxxxxxxxxx.execute-api.ap-northeast-1.amazonaws.com/dev/`を実行してみましょう。そうするとJSONが表示されます。見づらいですが、handler.jsで返したbodyプロパティーの値が入っていると思います。inputプロパティー方にはAPI Gatewayから渡される入力がそのまま入っています。

この関数は試すための役割だったのでAWS上から削除しておきましょう。次のコマンドで削除できます。

```
$ yarn sls remove
```

【補足】レスポンスのJSONを整形するには？
curlのレスポンスを整形したい場合はjqというコマンドをインストールするのが手っ取り早いです。

jqのサイト：https://stedolan.github.io/jq/

macOSであれば`brew install jq`でインストールする方法が手軽です（homebrewをインストールしている前提になります）。jqを使うと次のコマンドを実行することでレスポンスが整形されて見やすくなります。

```
curl https://xxxxxxxxxx.execute-api.ap-northeast-1.amazonaws.com/dev/ | jq
```

VS Codeを使っていれば整形前のJSONを新しいファイルなどに貼り付けましょう。言語をJSONに設定し、⌥⇧F（option + shift + f）を押すことで整形できます。このVS Codeの整形はMarkdownファイルでも有効なので、Markdownを書いているときにもオススメです。

Serverless Frameworkとプッシュ通知サーバーをつなぐ

Serverless Frameworkのデプロイから、そのAPIに対するリクエスト、そして環境の削除と一通り行いました。次に、ローカルで動かしていたプッシュ通知サーバーをつなげましょう。

具体的には`/app/core.js`でエクスポートしているappを`handler.js`でインポートします。appはExpressのインスタンスです。このExpressのインスタンスとLambdaをつなぐためにAWSはaws-serverless-expressという公式ライブラリーを提供しています。まずはこのライブラリーをプロジェクトに追加します。

```
$ yarn add aws-serverless-express
```

追加したらhandler.jsを次のように書きます。

```
'use strict';

const awsServerlessExpress = require('aws-serverless-express');
const { app } = require('./app');

// ExpressのインスタンスからLambda用のインスタンスを生成
const server = awsServerlessExpress.createServer(app);

// helloだと名前としておかしいのでappという名前でエクスポート
module.exports.app = (event, context) => {
  // 入力をログに出力
  console.log('[info]', 'Event', JSON.stringify(event));
  // ExpressとLambdaのつなぎ合わせ
  awsServerlessExpress.proxy(server, event, context);
};
```

これだけでLambda上でExpressが動きます。さきほどと違い関数をreturnしていませんが、これでもレスポンスはしっかり返ります。aws-serverless-expressがいい感じにしてくれます。

次にserverless.ymlのハンドラーの設定を行います。解説はコメントに書いています。

```
package:   # パッケージに含めるもの含めないもの設定が可能
  # excludeDevDependenciesはpackage.jsonのdevDependenciesのモジュールを含めるかどうかの設定
  excludeDevDependencies: true   # デフォルトでtrueなので省略も可
  exclude:   # 含めないファイルのリスト
    - .*     # dotfilesを除く
    # モジュールの依存関係のファイルを除く
    - package.json
    - yarn.lock

functions:
  app:  # 関数名をappに変更
    handler: handler.app   # handler.jsのappを指定
    timeout: 5
    memorySize: 128
    events:
```

```yaml
      - http:
          path: '{proxy+}'   # ルート以外のリクエストを受け付ける
          method: get
          cors:              # corsの設定
            origin: '*'      # 許可するオリジンの設定
      - http:
          path: '{proxy+}'   # ルート以外のリクエストを受け付ける
          method: post       # postメソッド（ /notifyがpost methodsなため
          cors:
            origin: '*'
```

pathに{proxy}を設定することで、その階層より下のパスをすべて受け取ることができます。

つなぎこみは以上で完了です。この状態でデプロイしてみましょう。

```
$ yarn sls deploy
```

正常にデプロイが完了すれば雛形をデプロイしたときと同様にエンドポイントがターミナルに表示されるはずです。そのエンドポイントを環境変数に設定し、クライアントを起動してみましょう。

```
$ API_URL=https://xxxxxxxxxx.execute-api.ap-northeast-1.amazonaws.com/dev/ yarn serve
```

この状態でプッシュ通知が送られてくれば、Lambda上でプッシュ通知サーバーが動いたことになります。

【補足】AWS Lambdaのログ

LambdaのログはCloudWatchに吐き出されます。注意点はObjectをログに出力するときです。なにもしなくてログは出力されるのですが、普通に出力するとログの結果が見づらいです。これを整形して表示させるために`JSON.stringify`を使います。使うことでCloudWatchのログが整形され、かつハイライトのついた状態になります。

APIキーの設定

APIキーを設定してAPIを利用できる環境を制限します。API GatewayにはAPIキーを生成する機能があります。この機能を使うことでキーが自動生成できます。またスロットリング（秒間のリクエスト数の制限）とリクエストクォータ（時間あたりの回数制限）を設定などもできます。

今回はとくに制限を付けずにAPIキーだけ発行し、APIキーを知っているリクエストだけを有効にしたいと思います。

APIキーの生成

　Serverless Frameworkを使っている場合はserverless.ymlにいくつかの項目を追加することで生成されます。

```yaml
service: ${self:custom.NAME}   # 定数の値を設定

provider:
  # 省略
  # stageは本番なのか、ステージなのかなので環境のステージ（段階・環境）に使います
  stage: ${self:custom.STAGE} # 定数の値を設定
  apiKeys:   # APIキーの設定
    - ${self:custom.NAME}-${self:custom.STAGE} # APIキー名

custom: # この設定ファイル内の定数
  NAME: try-pwa-web-push-server
  STAGE: dev
# 省略
functions:
  app:
    # 省略
    events:
      - http:
          path: '{proxy+}'
          method: get
          private: true # 追加
          cors:
            origin: '*'
      - http:
          path: '{proxy+}'
          method: post
          private: true # 追加
          cors:
            origin: '*'
```

　これでデプロイすると次のようにapi keysという項目が追加されます。ここに生成されたAPIキーの文字列が出力されます。

```
$ yarn sls deploy
Service Information
service: try-pwa-web-push-server
stage: dev
```

```
region: ap-northeast-1
stack: try-pwa-web-push-server-dev
api keys:
  try-pwa-web-push-server-dev: xxxxxxxxxxxxxxxxxxxxxxxxxxxxxxxxxxxx
endpoints:
  GET - https://xxxxxxxxxx.execute-api.ap-northeast-1.amazonaws.com/dev/{proxy+}
  POST - https://xxxxxxxxxx.execute-api.ap-northeast-1.amazonaws.com/dev/{proxy+}
functions:
  app: try-pwa-web-push-server-dev-app
```

この状態でクライアントを起動してみましょう。

```
$ API_URL=https://xxxxxxxxxx.execute-api.ap-northeast-1.amazonaws.com/dev/ yarn serve
```

起動したらプッシュ通知を送るリクエストを送ってみましょう。そうすると403のステータスコードが返ってくるはずです。今のところこれが正しい挙動です。APIキーのないリクエストをしっかりと拒否できています。このリクエストを通すにはクライアントに側でリクエスト時にAPIキーをリクエストに含める必要があります。

APIキーをクライアントのリクエストに付与する

　API GatewayのAPIキーはHTTPリクエストのヘッダーにx-api-keyというヘッダーを付与する必要があります。リクエストヘッダーに値を追加するにはaxiosのデフォルト値として設定する方法が手軽です。axiosのオプションにheaderの設定があるので、そこにx-api-keyのプロパティーを追加して、Serverless Frameworkのデプロイ後に表示されたAPIキーをそこの値に設定します。/src/axios.jsは次のようになります。

```
import Vue from "vue";
import Axios from "./plugins/axios";

Vue.use(Axios, {
  baseURL: process.env.API_URL || "http://localhost:3000",
  headers: {
    "x-api-key": "xxxxxxxxxxxxxxxxxxxxxxxxxxxxxxxxxxxx"
  }
});
```

　これでaxiosからHTTPリクエストを送るときにx-api-keyがヘッダーに追加されるようになりました。

再びプッシュ通知のリクエストを送ってみます。今度は今まで通り正常にリクエストが処理され、通知が届くはずです。

APIキーの設定は今のところプラグインのインストーラーに直接書いてしまっています。これでは開発や本番環境で切り替えるときになにかしらの手間が必要になります。APIキーもbaseURL同様に環境変数から受け取れるようにすると切り替えのひと手間をなくせます。ご自身で挑戦してみるのもよいかもしれません。一応サンプルコードのリポジトリーを方は環境変数から受け取れるようにしているので確認してみてください。

【補足】APIキーを設定していたとしても？
webにおけるAPIキーはChrome Developer Toolsを使えばすぐにわかってしまいます。ソースコードから探すこともできますし、Networkパネルからリクエストのヘッダーを見て知ることもできます。

そのため制限と言ってもAPIキーをヘッダーに設定していないリクエストを拒否できるという程度です。GETのリクエストは取得なので問題ありません（もちろん公開されてないものが取得できるのはNG）。しかし、データを作成したりできるPOSTリクエストのときは、別の認証要素などをベースに制限しましょう。

CORSの設定

CORSは今のところ*となっているためどこのサイトからでもリクエストを受け付けるようになっています。これを開発環境の`http://localhost:8080`だけを受け付けるようにします（ポート番号などを変更している場合は適宜変更してください）。

まずはサーバーのCORSを設定しているミドルウェアを次のように更新します。

```
const corsMiddleware = (req, res, next) => {
  res.header(
    'Access-Control-Allow-Headers',
    'Origin, Content-Type, Content-Length, Accept, X-Api-Key',
  );
  res.header('Access-Control-Allow-Methods', 'GET, POST');
  res.header('Access-Control-Allow-Origin', 'http://localhost:8080');
  next();
};
```

変更箇所は2点です、`Access-Control-Allow-Headers`に`X-Api-Key`を追加。`Access-Control-Allow-Origin`を`http://localhost:8080`に変更しています。

これでサーバーのコードの修正は完了です。

API Gatewayを使っている場合はさらに追加で設定が必要です。API GatewayにもCORSの設

定は存在しています。serverless.ymlにはすでに*で記述していると思うのですが、次のヶ所をhttp://localhost:8080に変更します。

```
functions:
  app:
    # 省略
    events:
      - http:
          path: '{proxy+}'
          method: get
          private: true
          cors:
            origin: http://localhost:8080 # *から指定のものに変更
      - http:
          path: '{proxy+}'
          method: post
          private: true
          cors:
            origin: http://localhost:8080 # postの方も忘れずに
```

両方ともに特定のオリジンを指定しないとCORSのオリジン設定は有効にならないので注意が必要です。これでデプロイしてみましょう。

```
$ yarn sls deploy
```

デプロイが完了したらさきほどと同じコマンドでクライアントを起動します。再びプッシュ通知をリクエストすると正常に処理されプッシュ通知が届くはずです。またCORSのオリジンが設定されたかどうかはChrome Developer ToolsのNetworkパネルから確認できます。次の矢印のところがhttp://localhost:8080になっていれば設定されています。

図 4.6:

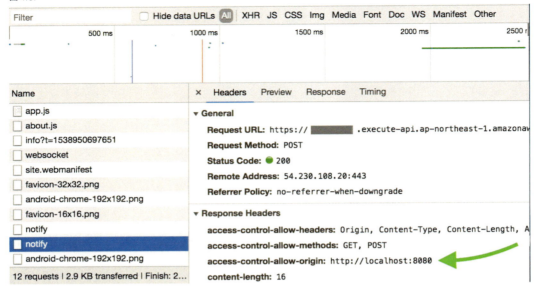

Chrome Developer ToolsのNetworkパネルでレスポンスヘッダーの値を見ているスクリーンショット

ためしにクライアントのポート番号を変えてみたり、サーバーのオリジンの設定を別のポート番号を指すなどをしてみてください。そうするとまたクライアントからリクエストすると403のステータスコードが返ってくるはずです。

もう少し発展させましょう。サーバーのコードが今のままではオリジンの設定が2ヶ所に存在して、とても保守性が悪いです。また、環境変数で指定できた方がなにかと便利でしょう。
`serverless.yml`では環境変数や別のファイルの値を参照できます。そこで、次のような`app.config.js`を作り、設定をまとめます（配置場所はプロジェクトルート）。そして`/app/middewares/cors-middleware.js`と`serverless.yml`で読み込みます。

```
// 他のヘッダーの設定などもここにまとめる
const CORS = {
  HEADERS: [
    'Origin',
    'Content-Type',
    'Content-Length',
    'Accept',
    'X-Api-Key',
  ].join(', '), // 配列にして、値の追加、削除を容易に
  METHODS: ['GET', 'POST'].join(', '),
```

```
  ORIGIN: process.env.CORS_ALLOW_ORIGIN || '*', // 環境変数を参照、なければ*を使う
};

// serverless.ymlでJSの値を参照刷る場合は関数にしておく必要があり
const exporter = serverless => {
  const exportData = {
    CORS,
  };

  serverless.cli.consoleLog(exportData);   //ログ出力して、どの状態かを確認する
  return exportData;
};

module.exports = {
  CORS,
  exporter,
};
```

`/app/middewares/cors-middleware.js`のコードは次のようになります。

```
// app.config.jsを読み込み
const { CORS } = require('../../../app.config');

const corsMiddleware = (req, res, next) => {
  // configの値を参照するように更新
  res.header('Access-Control-Allow-Headers', CORS.HEADERS);
  res.header('Access-Control-Allow-Methods', CORS.METHODS);
  res.header('Access-Control-Allow-Origin', CORS.ORIGIN);
  next();
};

module.exports = { corsMiddleware };
```

そして`serverless.yml`は次のようにします。注意点としてはコード中で環境変数を利用する場合はLambdaの環境変数にも追加する必要があるという点です。

```
# 省略
custom:
  NAME: try-pwa-web-push-server
  STAGE: dev
```

```
    CORS: ${file(./app.config.js):exporter.CORS}   # JSファイルを参照 export 関数のレス
ポンスのCORSを設定
    CORS_ALLOW_ORIGIN: ${self:custom.CORS.ORIGIN} # 上のCORSの定数のORIGINを参照させる

functions:
  app:
    # 省略
    environment:   # Lambda 上の環境変数の設定
      CORS_ALLOW_ORIGIN: ${self:custom.CORS.ORIGIN} # 定数の値を設定
    events:
      - http:
          path: '{proxy+}'
          method: get
          private: true
          cors:
            origin: ${self:custom.CORS.ORIGIN} # 定数の値を設定
      - http:
          path: '{proxy+}'
          method: post
          private: true
          cors:
            origin: ${self:custom.CORS.ORIGIN} # 定数の値を設定
```

　これで2重に管理する必要がなく、デプロイ時に環境変数によりCORSのオリジンの設定が可能になりました。無事にデプロイしてCORSの設定がされていれば成功です。

4.5　まとめ

　この章ではまずはローカルで、そして次にAWS Lambdaを使いWeb Push実装してみました。クライアントとサーバーの両方を実装する必要があり、とても文量が多くなってしまいました。もし、途中で動かなくなってしまったなどありましたら、次のリポジトリにすべてのコードが載っているので、全体を見ながら再トライしていただけると幸いです。

サーバー：

https://github.com/mya-ake/try-pwa-apis/tree/master/packages/try-pwa-web-push-server

クライアント：

https://github.com/mya-ake/try-pwa-apis/tree/master/packages/try-pwa-web-push-client

　実装に関してはほぼFirebaseのライブラリーが行ってくれるので、とても助かるなという感想です。筆者自身もやってみて、思ってたより簡単に実装していけるなと感じました。ただ、最初やっ

てみたときはドキュメントがわかりづらく困りました（サーバーとクライアントが別々に解説されていて、それぞれリンクされていない点など）。それを踏まえて、クライアントとサーバーの関連するところを順番に紹介するような形式で解説していきました。

　ちなみにこの章で実装したWeb Pushの機能はまだ一部です。FCMにはトピック単位で送れたりなど、グループを指定してプッシュ通知を送る機能も存在します。今回は紙面と時間の都合上紹介しきれませんでしたが、実際に実装する際には必要になってくる概念です。また機会があればブログなどで紹介できればと思います。

第5章 Service Worker

5.1 Service Worker概説

　Service WorkerはWeb Workersの一種です。オフラインでも表示できるWebサイトを作るためにはService Workerを活用しなければなりません。

　Service Workerについて知る前にWeb Workerについて知っておく必要があります。Web Workerは普通のブラウザーで実行されるJavaScript環境（以降「Windowスコープ」と書きます）とは異なり別スレッドで動作するJavaScriptの環境（以降「Workerスコープ」と書きます）です。別スレッドで動作するため重い処理を行いたい場合などに利用されます。しかし、Web Workersも万能ではありません。いくつかの制限があります。

　ひとつ目はwindowやdocumentなどの一部のグローバル変数にアクセスできません。つまりDOM操作は行なえません。Web Workersではグローバルに WorkerGlobalScope インターフェイス（https://developer.mozilla.org/ja/docs/Web/API/WorkerGlobalScope）が定義されています。このWorkerGlobalScopeからアクセス可能なAPIのみ利用可能です。アクセス可能なAPIはWindowスコープと同じものもあれば固有のものも存在します。またWorkerGlobalScopeインターフェイスはWeb Workerのタイプによって派生しており、Service WorkerはService Worker独自のServiceWorkerGlobalScope（https://developer.mozilla.org/ja/docs/Web/API/ServiceWorkerGlobalScope）を持ちます。

　ふたつ目はデータの受け渡しはコピーされるため、大きなデータを渡す際は時間がかかってしまいます。一応Transferableインターフェースという仕組みがあり、このインターフェイスを使うことでArrayBufferなど限られたオブジェクトの値をコピーせずに値を渡せます。

　このようなWeb Workerの制限はService Workerにおいても同様です。加えてService Workerはhttpsで配信されているサイトか、開発時などに利用するlocalhostのときしか扱うことができません。

　Service Workerはかなり特殊なJavaScriptです。普通のJavaScriptであれば`script`タグを使って読み込みます。また普通のWeb Workerであれば`new Worker('worker.js')`と書いて読み込みます。Service Workerの場合は`navigator.serviceWorker.register('/sw.js')`と書いてブラウザーに**インストール**されます。このインストールされるという点が特殊です。

　またService Workerは基本的にはイベント駆動でコードが実行されます。たとえばFetchイベントをハンドリングすることで任意のHTTPリクエストに対して任意の処理を行うことができます。次のコードはHTTPリクエストが発生するとそのリクエストのURLをconsoleに出力するService Workerのコードです。

```
self.addEventListener('fetch', event => {
  event.respondWith(
    (async () => {
      console.log(event.request.url);
      return fetch(event.request);
    })(),
  );
});
```

　Service Workerのイベントのハンドラーの追加はWindowやElementへのイベントの追加と同様にaddEventListenerを使います。第2引数にハンドラーとなる関数を定義します。ハンドラーの引数にはFetchEvent（https://developer.mozilla.org/ja/docs/Web/API/FetchEvent）が渡ってきます。

　event.respondWith関数はリクエスト時に任意の処理を加えるためのメソッドです。このメソッドの引数にPromiseを渡すことで、その処理がリクエスト時に実行されます。このPromiseの結果がレスポンスになります。

　例に出しているコードは、event.respondWith関数の引数にasync functionを渡しています。async functionはreturnした値がPromiseになるのでこのように書くことができます。注意点としては、async functionを実行するのを忘れないようにすることが重要です。またreturnのところでfetch関数を呼びその返り値（Promise）を返しています。fetch関数にevent.requestを渡し、本来行われるはずだったリクエストを行わせます。このfetch関数呼び出しを忘れてしまうとレスポンスがなくなり、Webページが表示されなくなってしまいます。

※fetch関数はFetch APIの関数です。HTTPリクエストを送るために使われれます。Ajaxやaxiosなどのライブラリーのブラウザー標準と思っていただくとわかりやすいかもしれません。

　Fetchイベントをハンドリングする場合は、次の図のようにクライアントとサーバーの間に入るプロキシサーバーのような役割になります。あるリクエストはそのままサーバーにリクエストを送り、また別のリクエストはCache Storageに存在するものを返すなどレスポンスを制御できます。オフラインでも動作するWebアプリケーションを作る場合にはCache StorageとService Workerを駆使する必要があります。

図 5.1:

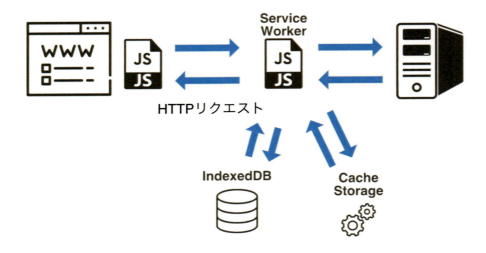

Fetchイベントをハンドリングするときの Service Worker の立ち位置

他にも「install」「activate」「push」「sync」「message」というイベントが存在しています。「install」「activate」については次節で解説します。

以上が Service Worker の概説と簡単なコードの例です。次節では Service Worker のインストールに関する解説を行い、その次に Service Worker を使う上での注意点を紹介します。

5.2 Service Worker のインストールについて

Service Worker は、ブラウザーにインストールして使われます。そのためすでにインストールされた Service Worker が存在する場合などを想定した処理を書く必要があります。次の図は Service Worker のインストールから実行されるまでのライフサイクルをフローにしたものです。

図5.2:

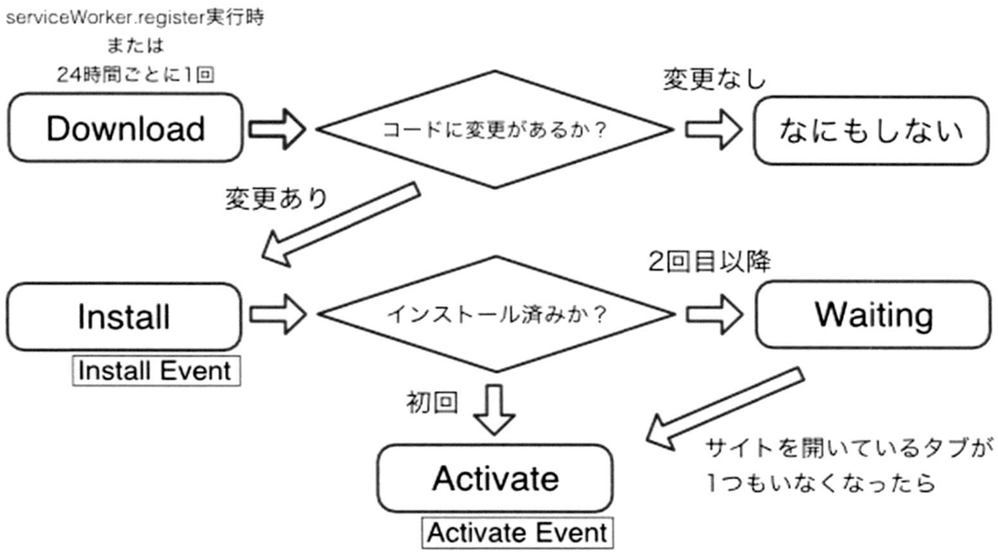

大きく3ステップです。ActivateになるとService Workerが有効になり、Fetchイベントなどのハンドリングを開始します。

1. Download
1. Install
1. Activate

このうちInstallとActivateにイベントハンドラーを設定できます。

Waitingは現在実行中のService Workerと競合しないようにするための処置です。すでにService Workerが動いている場合はWaitingとなり、開いているすべてのタブを閉じたときにActivateされます。しかしながらこのWaitingはスキップすることが可能です。詳しくは次のinstallイベントで解説します。

InstallイベントとActivateメソッドは、主にキャッシュの保存と削除に利用されます。Installイベントで事前にキャッシュしたいリソースの保存を行い、Activateイベントで不要になったリソースを削除します。

Installイベント

さきほども書きましたがInstallイベントではキャッシュの保存処理を行います。また、Waiting状態をスキップすることも可能です。

次のコードはサイトのロゴ（/images/app_logo.svg）のキャッシュを行う処理を書いたコードです。Cache Storage APIを使いCache Storageに保存しています。

```
const CACHE_NAME = 'prefetch-cache-v1';

self.addEventListener('install', event => {
  event.waitUntil(
    (async () => {
      const cache = await caches.open(CACHE_NAME);
      return cache.add(new Request('./images/app_logo.svg'))
    })(),
  );
});
```

　ここでevent.waitUntil関数について解説します。このwaitUntil関数はブラウザーに対象のイベント（Installイベント、Activateイベント）が実行中であることを伝える役割を持っています。引数にはPromiseを受け取り、受け取ったPromiseがresolveまたはrejectされるまで待ちます。resolveだった場合は、インストールが正常に終了したと判断し、Service Workerが無事インストールされます。また、rejectだった場合は、インストール中だったService Workerがインストールされずに破棄されます。

　このreject判定はwaitUntil関数に与えられたPromiseのみが対象です。そのため確実にインストールしたい処理のPromiseはasync functionの場合でもしっかりとreturnしてあげましょう。

　また、補足ですがreturnしていないPromiseはエラーが発生してもreject判定にはなりません。キャッシュされなくても最悪問題ない場合はreturnさせずにCache Storage APIの処理を書くということもできます。たとえばサイトのロゴ（/images/app_logo.svg）は確実にキャッシュしたいが、サイトのアイコン（/images/app_icon.svg）はキャッシュできなくても大丈夫という場合です。この場合は次のようなコードが書けます。

```
const CACHE_NAME = 'prefetch-cache-v1';

self.addEventListener('install', async event => {
  event.waitUntil(
    (async () => {
      const cache = await caches.open(CACHE_NAME);
      cache.add(new Request('./images/app_icon.svg'))
      return cache.add(new Request('./images/app_logo.svg'))
    })(),
  );
});
```

　注意点があるとすれば、returnしていないPromiseの処理が長引くと途中で終了する可能性があるということです。将来的には時間のかかる大容量ダウンロードを行うためのAPIが提供さ

れる予定のようです。参考：https://developers.google.com/web/fundamentals/instant-and-offline/offline-cookbook/#on-install-not

次にWaitingのスキップについてです。スキップを行う際は基本的にInstallイベントに`self.skipWaiting`関数を呼び、Activateイベントで`self.clients.claim`関数を呼び出します。このふたつはセットです。`self.skipWaiting`関数はその名の通りWaitingをスキップします。`self.clients.claim`関数は新しいService Workerをコントロール状態にできます（コントロール状態については後述します）。

スキップの処理をコードにすると次のようになります。

```
self.addEventListener('install', async event => {
  //スキップ処理
  event.waitUntil(self.skipWaiting());
});

self.addEventListener('activate', async event => {
  //コントロール状態にする処理
  event.waitUntil(self.clients.claim());
});
```

スキップは場合によっては誤動作に繋がりかねないので注意が必要です。キャッシュ戦略によっては前のJSがそのまま可動していることもあり得ます。スキップする場合は新しいService Workerがコントロール状態になってから、ユーザーに画面をリロードするように促すとメモリーもリフレッシュされるので、誤動作に繋がりづらくなるでしょう。

キャッシュ戦略次第のところはあるので、スキップ可能かどうかはプロジェクトに依存します。よく検討して使うかを決めましょう。

ここでコントロール状態について解説します。Service Workerは複数インストール可能です。ただし開いているページで有効なService Workerはひとつだけです。この有効になっているService Workerをコントローラーといい、そのコントローラーとなっているときをコントロール状態といいます。

またコントローラーとなるService Workerの条件はService Workerを登録したときのスコープにより判断されます。スコープに関する解説は「Service Workerの注意点」で行います。

Activateイベント

InstallイベントのところでÊに出てきてしまいましたが、ActivateイベントはインストールされたService Workerが有効化されるときに呼び出されるイベントです。

この有効化されるタイミングで前回のService Workerでキャッシュとして保存していたが、新し

いService Workerでは不要になるキャッシュを削除する処理を書いたりします。

次のコードはサイトのアイコン（/images/app_icon.svg）を削除しているコードです。

```javascript
const CACHE_NAME = 'prefetch-cache-v1';

self.addEventListener('activate', async event => {
  event.waitUntil(
    (async () => {
      const cache = await caches.open(CACHE_NAME);
      return cache.delete(new Request('./images/app_icon.jpg'))
    })(),
  );
});
```

ただし、このようにひとつずつ削除していては非常に手間です。またService Workerの更新がされておらず（しばらくアクセスがなかったなど）バージョンの差がある場合はきれいに削除しきれないかもしれません。そのためキャッシュに付けている名前単位で削除するようにすると実装の手間が省けます。名前にバージョン番号が含まれているとやりやすいです。ただし、名前単位で削除すると必要だったものまで削除され、再び取得する必要があるのでムダがあるといえばあります。しかし、すべてのリソースを手動で管理するのは現実的でないので、ここでは過去のバージョンをまとめて削除する方法を紹介します。

次のコードはキャッシュを名前でまるごと削除している例です。

```javascript
const CACHE_VERSION = 2;
const CACHE_PREFIX = 'prefetch-cache-v';
const CURRENT_CACHE_NAME = `${CACHE_PREFIX}${CACHE_VERSION}`;

self.addEventListener('activate', event => {
  event.waitUntil(
    (async () => {
      const keys = await caches.keys();  // Cache Storageの名前を全取得
      // このService Workerで扱っているキャッシュ名の前方一致の正規表現生成
      const targetRegExp = new RegExp(`^${CACHE_PREFIX}`);
      // filterで対象外を除いて、まとめて削除する
      const deleteTasks = keys
        .filter(key => targetRegExp.test(key))
        .filter(key => key !== CURRENT_CACHE_NAME)
        .map(async key => {
          const resultCache = await caches.delete(key);
          console.log(`Cache delete:${key}`, resultCache);
```

```
            return resultCache;
        });
        return Promise.all(deleteTasks);
    })(),
  );
});
```

補足

　Cacheオブジェクトにバージョン番号を含め、バージョンが変わるとCacheオブジェクトをまるごと消すと必要なものまで消して再取得する必要があります。差分を見て削除することもできますが、更新されているかどうかはService Worker側で簡単に知ることは難しいです。このどちらもクライアント側で行うにはムダが多いです。

　このムダをなくすためにWorkboxでは、ビルド時に各ファイルのハッシュ値を算出し、その値をリビジョン番号としています。このリビジョン番号をIndexedDBに保存しておき、リビジョン番号が変わると更新を行っているようです。

5.3　Service Workerの注意点

　Service Workerはとても強力な仕組みです。使い方を間違えると更新が難しいWebサイトとなってしまいます。たとえばWorkboxを使ってサイトにService Workerを導入していて、そのサイトをリニューアルするとしましょう。その際にWorkboxが生成したService Workerを消し忘れてしまうと前のサイトが表示されしまうなどのトラブルになりかねません。そうならないためにもService Workerの注意点を知っておきましょう。この節でいくつか紹介します。

スコープ

　Service Workerにはスコープという概念が存在します。Windowスコープにおけるスコープとは異なり、Service WorkerのスコープはそのService Workerがコントロール可能な範囲を定める役割を持っています。Service Workerのスコープはサイトのページの相対パスを指定します。たとえば/を指定した場合はサイト全体をコントロールすることが可能です。/users/を指定した場合は/usersで始まるパス以下のページがコントロール対象となります。オリジンが`https://example.com`たっだとすると、`https://example.com/users/`や`https://example.com/users/1`、`https://example.com/users/1/posts`などが対象となってきます。

　このスコープはService Workerの登録時に指定可能です。/users/のスコープを指定するときは次のようになります。

```
navigator.serviceWorker.register('/sw-users.js', { scope: '/users/' });
```

このように登録すると`https://example.com/`や`https://example.com/posts/`では、`sw-user.js`はコントローラーとなりません。

また`register`関数実行時に`scope`を設定しなかった場合は Service Worker が配置されているパスがそのままスコープとなります。`https://example.com/sw-users.js`に置いている場合は、`/`がスコープになります。`https://example.com/users/sw-users.js`に置いている場合は、`/users/`がスコープになります。

そして基本的には配置されているパスよりも上の階層のスコープを持つことはできません。`https://example.com/users/sw-users.js`に置いている場合は、`/`をスコープに指定できません。`/users/`以下を指定することになります。ただし、`Service-Worker-Allowed`のヘッダーがレスポンスに含まれている場合は、このヘッダーの値に書かれているパス以下をスコープに設定できます。

個人的には Service Worker はルートに配置すればよいと思います。その理由はヘッダーを指定するのがめんどうというのが一番の理由です。もし手軽にレスポンスヘッダーを設定できるのであれば、`/workers/sw.js`のように置くとプロジェクト上に存在するすべての Service Worker が見つけやすくなるので保守性があがると思います。

加えてスコープの注意点があるとすれば、Service Worker のスコープはページのパスです。リソースのパスではありません。たとえば前述したリクエストのURLをログに出力する Service Worker を`/users/`スコープで指定しており、`https://example.com/users/`を開いていたとします。そうすると`https://example.com/images/app_logo.svg`や`htpps://api.example.com/users/`へのリクエストもログに出力されます。また`https://example.com/`を開いていた場合はいずれのログも出力されません。リソースのパスがスコープの対象に見える人もいるかもしれませんが、実際はサイトのページのパスがスコープとなるのでこの点はしっかりと把握しておきたいところです。

スコープとコントローラー

Service Worker は複数インストール可能です。ただし、スコープにつきインストール可能な Service Worker はひとつだけです。同じスコープで複数登録した場合は、最後にインストールの完了した Service Worker が最終的に有効となります（インストールイベントはすべての Service Worker で行われます）。

また複数インストールされている場合でもコントローラーとなれる Service Worker はひとつだけです。現在開いているパスの上位層に位置するスコープを持った Service Worker がコントローラーとなります。たとえば`/`スコープの`sw.js`と`/users/`スコープの`sw-users.js`が存在しているとします。このときは次にようになります。

- `https://example.com/users/`を開いている場合は、`sw-users.js`がコントローラー
- `https://example.com/posts/`を開いている場合は、`sw.js`がコントローラー
- `https://example.com/users/1/posts/`を開いている場合は`sw-users.js`がコントローラー

アンインストール

Service Workerにはアンインストールする関数として`ServiceWorkerRegistration.unregister`関数が存在します。ServiceWorkerRegistrationはService Workerの登録に関するインターフェイスです。ServiceWorkerRegistrationのオブジェクトは次のコードで参照できます。

```javascript
// 登録時①：thenの中パターン
navigator.serviceWorker.register('/sw.js')
  .then(registration /** <-これ */=> {
  });

// 登録時②：awaitを使い取得するパターン
const registration = await navigator.serviceWorker.register('/sw.js');

// スコープを指定してインストール済みのService Workerの取得
const registration = await navigator.serviceWorker.getRegistration('/');

// インストール済みのすべてのService Workerの取得
const registrations = await navigator.serviceWorker.getRegistrations();
```

register関数のPromiseが解決されると受け取れますが、登録してすぐにアンインストールしては意味がありません。そのため下のregistrationを直接取得する方法がよいと思います。

スコープを指定してアンインストールする場合は次のようになります。コードでは/スコープを指定しています。

```javascript
const registration = await navigator.serviceWorker.getRegistration('/');
const result = await registration.unregister(); // 成功した場合はtrueが返る
```

登録されているすべてのService Workerをアンインストールする場合は次のようになります。

```javascript
const registrations = await window.navigator.serviceWorker.getRegistrations();
registrations.forEach(async registration => {
  const result = await registration.unregister();
  console.log(registration.scope, result);   // デバッグ用の確認コード
});
```

このようにService Workerはけっこう手軽にアンインストールできます。ただし、アンインストールしてもキャッシュまでは消せません。キャッシュもアンインストール時に削除するのが望ましいです。

5.4 その他のイベント

流れ上説明できなかったその他のイベントを紹介します。

updatefound

updatefoundイベントは更新可能な（変更のある）Service Workerが見つかったときにトリガーされるイベントです。ServiceWorkerRegistrationオブジェクトに設定できます。これは次のようにService Worker登録時のregisterで設定する方法がお手軽です。

```
navigator.serviceWorker.register('/sw.js').then(registration => {
  registration.addEventListener('updatefound', event => {
    //なにか処理
  });
});
```

statechange

statechangeイベントはService Workerの状態が変更される度にトリガーされます。このイベントはService Workerオブジェクトに対して付与できます。Service WorkerオブジェクトはServiceWorkerRegistrationの中に格納されています。次のコードはService Workerの登録時にイベントを定義しているコードです。

```
navigator.serviceWorker.register('/sw.js').then(registration => {
  registration.addEventListener('updatefound', event => {
    // インストールが始まったときはinstallingプロパティーに格納されている
    const worker = registration.installing;
    worker.addEventListener('statechange', () => {
      worker.state // そのときの状態が格納されている
      // なにか処理
    });
  });
});
```

具体的にどのような変化があった場合に呼ばれるかというと「installing（インストール前）」「installed（インストール後）」「activating（有効化前）」「activated（有効化後）」「redundant（削除または失敗）」の5つの状態です。ただし、updatefoundが実行されたタイミングで定義された場合はinstallingのときはトリガーされません。

またすでに登録されているService Workerに対してstatechangeイベントを定義

したいときは、navigator.serviceWorker.getRegistration関数を利用して定義します。navigator.serviceWorker.getRegistration関数は引数に与えられたスコープのServiceWorkerRegistrationを取得する関数です。

次のようにすることで登録されているService Workerに対してstatechangeイベントを付与できます。ただし、基本的にすでに登録されているService Workerはredundantのタイミングでしかトリガーされません。

```
const workerObject = await window.navigator.serviceWorker.getRegistration('/');
const activateWorker = workerObject.active;
activateWorker.addEventListener('statechange', () => {
  // なにか処理
});
```

※navigator.serviceWorker.controllerプロパティーからもService Workerにアクセスすることができるのでそちらからイベントを登録することも可能性です。ただし、controllerプロパティーはスコープに左右される（スコープ外で参照するとnullが入っている）ため、確実にイベントを付与したいのであればスコープを指定して取得できるgetRegistration関数を使う方が確実です。

ready

readyはイベントとは少し違いますが、Service Workerの準備ができるのを待って処理を行うことができます。readyはnavigator.serviceWorkerの読み取り専用プロパティーです。readyプロパティーにはPromiseが入っているため次のようにthenの中に任意の処理を書けます。

```
navigator.serviceWorker.ready.then(registration => {
  // なにか処理
});
```

ただし、readyはService Workerの更新完了を待つわけではありません。すでにService Workerがインストールされている場合は、インストールされているService Workerがコントロール状態になったとき、このreadyのPromiseは解決されます。もし新しいService Workerが有効化されたときに処理を行いたい場合はふたつ方法があります。ひとつは前述したstatechangeイベントをハンドリングし、stateがactivatedのときに処理を行う方法。もうひとつは後述するcontrollerchangeイベントをハンドリングする方法です。

controllerchange

controllerchangeイベントはページを制御しているService Workerが更新されたときに発生するイベントです。Service Worker内で定義するacitvateイベントのハンドラーと実行されるタイミングは同じです。このふたつのイベントは順序の保証がないようなので、その点は注意が必要かもし

れません。

このイベントはupdatefoundイベント同様にWindowスコープ内で定義できます。

```
navigator.serviceWorker.addEventListener('controllerchange', evt => {
  //なにか処理
});
```

activateイベントとの使い分けですが、activateイベントはService Worker内で実行されるため、Web Workersの制限下にあります。controllerchangeイベントはWindowスコープと同じ環境下になるためDOMの操作なども可能です。そのため実行環境の差が使い分けのポイントとなってきます。

error

errorのイベントリスナーはMDN上（https://developer.mozilla.org/en-US/docs/Web/API/ServiceWorkerContainer/onerror）には存在しているようなのですが、実際に試すことはできませんでした。筆者の書き方が悪かったのかはわからないですが、errorの解説は省かせていただきます。

5.5 まとめ

以上がService Workerの解説でした。本書を書こうと思ったときは、この章は存在しませんでした。しかし、PWAを紹介する上でService Workerの解説を省くことはできないと思い別の章として追加で書きました。

今ではWorkboxという優秀なライブラリーが存在し、キャッシュについてはほぼすべて任せることもできます。またプッシュ通知のハンドリングを行ってくれるService WorkerのコードはFirebaseが用意してくれています。そのためあまり自分でService Workerのコードを書くということはしないかもしれません。ただService Workerはとても強力な仕組みです。使いこなせればWebアプリケーションのUXの改善に役立てることもできると思います。この章でService Workerの全容を語りきれてはいませんが、読者の方々のお役に立てれば幸いです。

第6章 おわりに

　最後までお読みいただきありがとうございます。本書は筆者のプッシュ通知をサーバーレスでやってみたいというモチベーションから作られています。ただなるべく初心者でもわかるように手順を追って作っていけることを意識して書かせてもらいました。

　この書籍を読んでPWAを作ってみた方はもしかするとPWAってこんなもの？って思ったかも知れません。実際シンプルなオフライン対応であればこんなものです。おおよそ必要なことはライブラリーやツールが作られているので基本それに乗っておくに越したことはありません。というのもオフライン周りのService Workerのコードは基本的に同じようなものの繰り返しとなります。それをわざわざ人間が毎度書くのは時間がもったいないです。素直に先人の知恵に乗っかるべきところだと考えます。

　しかしながらAPIのデータをキャッシュさせたかったり、プッシュ通知やバックグラウンド同期させたいなどといったときには自分で書く必要が出てきます。そういった話もいずれまとめたいなと思います。

　このTry PWAは自身では2冊目の出版です。きっかけは今回も技術書典です。再びこのような形で出版させていただきありがたい限りです。今後も技術書典や出版という形だけではなく、さまざまな場で情報を発信していけたらと思います。

著者紹介

渋田 達也（しぶた たつや）

福岡で活動しているweb系のエンジニア。サーバーレスなどのバックエンドのこともしたりするが最近はフロントエンドがメインとなっています。witterでは@mya_akeというIDでWebのフロントエンド周りの話を中心につぶやいたりしてます。

◎本書スタッフ
アートディレクター/装丁：岡田章志＋GY
編集協力：飯嶋玲子
デジタル編集：栗原 翔

技術の泉シリーズ・刊行によせて
技術者の知見のアウトプットである技術同人誌は、急速に認知度を高めています。インプレスR&Dは国内最大級の即売会「技術書典」（https://techbookfest.org/）で頒布された技術同人誌を底本とした商業書籍を2016年より刊行し、これらを中心とした『技術書典シリーズ』を展開してきました。2019年4月、より幅広い技術同人誌を対象とし、最新の知見を発信するために『技術の泉シリーズ』へリニューアルしました。今後は「技術書典」をはじめとした各種即売会や、勉強会・LT会などで頒布された技術同人誌を底本とした商業書籍を刊行し、技術同人誌の普及と発展に貢献することを目指します。エンジニアの"知の結晶"である技術同人誌の世界に、より多くの方が触れていただくきっかけになれば幸いです。

株式会社インプレスR&D
技術の泉シリーズ　編集長　山城 敬

●お断り
掲載したURLは2019年9月1日現在のものです。サイトの都合で変更されることがあります。また、電子版ではURLにハイパーリンクを設定していますが、端末やビューアー、リンク先のファイルタイプによっては表示されないことがあります。あらかじめご了承ください。
●本書の内容についてのお問い合わせ先
株式会社インプレスR&D　メール窓口
np-info@impress.co.jp
件名に「『本書名』問い合わせ係」と明記してお送りください。
電話やFAX、郵便でのご質問にはお答えできません。返信までには、しばらくお時間をいただく場合があります。
なお、本書の範囲を超えるご質問にはお答えしかねますので、あらかじめご了承ください。
また、本書の内容についてはNextPublishingオフィシャルWebサイトにて情報を公開しております。
https://nextpublishing.jp/

●落丁・乱丁本はお手数ですが、インプレスカスタマーセンターまでお送りください。送料弊社負担 てお取り替え
させていただきます。但し、古書店で購入されたものについてはお取り替えできません。
■読者の窓口
インプレスカスタマーセンター
〒101-0051
東京都千代田区神田神保町一丁目 105 番地
TEL 03-6837-5016 / FAX 03-6837-5023
info@impress.co.jp
■書店/販売店のご注文窓口
株式会社インプレス受注センター
TEL 048-449-8040 / FAX 048-449-8041

技術の泉シリーズ

Try PWA

2019 年 11 月 8 日　初版発行 Ver.1.0（PDF 版）

著　者　渋田 達也
編集人　山城 敬
発行人　井芹 昌信
発　行　株式会社インプレス R&D
　　　　〒101-0051
　　　　東京都千代田区神田神保町一丁目 105 番地
　　　　https://nextpublishing.jp/
発　売　株式会社インプレス
　　　　〒101-0051　東京都千代田区神田神保町一丁目 105 番地

●本書は著作権法上の保護を受けています。本書の一部あるいは全部について株式会社インプレス R&D から文書による許諾を得ずに、いかなる方法においても無断で複写、複製することは禁じられています。

©2019 Tatsuya Shibuta. All rights reserved.
印刷・製本　京葉流通倉庫株式会社
Printed in Japan

ISBN978-4-8443-9696-3

Next Publishing®

●本書は NextPublishing メソッドによって発行されています。
NextPublishing メソッドは株式会社インプレス R&D が開発した、電子書籍と印刷書籍を同時発行できるデジタルファースト型の新出版方式です。https://nextpublishing.jp/